U0005205

The Obesity Code Cookbook

肥胖大解密
速瘦料理篇

減重名醫的 100 道美味瘦身料理，
打破胰島素阻抗循環，
扭轉致胖根源！

晨星出版

謹以此書獻給我的家人，

謝謝你們在人生的旅途中總是幫助、支持著我，

有你們的後援，是我的福氣。

獻給我的父母親，從你們身上我獲益良多。

獻給我美麗的妻子，米娜，你是我的一切。

獻給我的孩子們，強納森和馬修，你們讓我如此地喜悅。

目　錄

前言

肥胖是一種普遍的現象

我成長於 1970 年代的加拿大多倫多。年輕的我完全料想不到，在未來短短的幾十年內，肥胖將成為一股不可抑遏的現象，在全球蔓延開來。在我成長的年代，大眾憂心的反而是糧食不足的問題：依照馬爾修斯（Malthusian）的理論，糧食供應跟不上人口的成長速度，人類將籠罩在饑荒的陰影之下。而在氣候方面，人們擔憂的則是空氣中濃厚的霧霾遮蔽陽光，將會導致氣候冷卻，進而觸發下一輪的冰河時期。

然而，在 50 年後的今天，我們所面臨的問題卻恰好相反。氣候冷卻的議題早已乏人問津，現下媒體報導的是全球暖化，以及消融中的南、北極。而人類非但沒有面臨饑荒，肥胖還成為大流行，其普及的程度在歷史上前所未見。

關於肥胖大流行，有兩點值得思考。

第一，是什麼造成了這個情況？既然肥胖是近年來才變得普遍，而且又是全球性的現象，那就表示肥胖並非先天的基因所

決定。而運動作為休閒活動在 1970 年代是很少見的，那個年代不流行戴耳機跑步聽音樂。健身房、運動中心，這些也都是到了 1980 年代才逐漸興起。

第二，為何我們無法阻止這個現象？沒有人想當胖子。40 年來，醫師們解決肥胖的對策，無非是低脂低卡的飲食，然而眾人肥胖的現象卻不曾減緩。自 1985 年至 2011 年間，加拿大的肥胖人口數從 6％激增到 18％，成長了足足 3 倍。各種證據顯示，人們迫切地想要降低脂肪和卡路里，也都努力地運動、健身；然而肥胖的人口數卻沒有因此而減少。依照邏輯合理推斷，這麼多的努力卻徒勞無功，是否因為我們並未認清肥胖的本質？如果攝取太多脂肪和卡路里並非造成肥胖的真正原因，那麼減少脂肪和卡路里的攝取量，自然也就不會是肥胖問題的正確解方。究竟什麼才是造成肥胖真正的原因呢？

1990 年代，我從多倫多大學（University of Toronto）和加州大學洛杉磯分校（University of California, Los Angelos）畢業，主修醫學，專業是腎臟科。我必須坦白地說，當時的我對於如何解決肥胖的問題，可是一點研究的興趣也沒有。無論在唸醫學院的時期、在實習期間，或是執業期間皆然。而且我也並非特例，當時每一位在北美地區接受正規醫學教育的內科醫師都和我一樣。醫學院的正規課程完全不教營養學，也不教如何治療肥胖。我們學習的重點在於認識各種疾病，以及如何用藥物或手術進行治療。因此，我對於上百種藥物如數家珍，對於洗腎的程序瞭若指掌，對手術的技巧和適應症也都倒背如流。儘管肥胖的問題是如此普遍，且常伴隨著第二型糖尿病及其各種併發症，我卻不懂

得如何幫助病人減重。總之，醫師不會特別去研究營養學，因為普遍觀念大多認為那並非屬於醫學，而是屬於營養學的領域。

　　然而，飲食控管及維持體重，卻是維持人體健康非常重要且基礎的一環。這不只是為了讓沙灘比基尼的畫面好看而已（要是事情有這麼簡單就好了），人們身上多餘的體重已遠遠超出美感的問題，它還牽涉到第二型糖尿病以及代謝症候群，並且大幅提升心臟病、腦溢血、癌症、腎臟病、失明、截肢、神經受損，和其他問題的風險。肥胖不屬於醫學中的邊緣問題，而是眾多疾病的根源——然而身為一名醫師，我卻對它一無所知。

　　身為一個腎臟專科醫師，我知道腎臟衰竭最常見的原因就是第二型糖尿病。一般來說，治療糖尿病患的方法是注射胰島素或是洗腎。這也是我唯一知道的方法。

　　根據經驗，我知道胰島素會使體重上升。事實上，大家都知道胰島素會造成體重上升，病患們的考量是正確的。他們會說：「醫師，你一直叫我要減肥，可是你給我的胰島素卻讓我的體重大幅上升。這不是很矛盾嗎？」關於這點，我一直都沒有很好的答案，因為它確實相當矛盾。

　　於是，在我的照顧之下，病患仍未見起色，我所做的不過是陪伴他們經歷身體衰敗的過程。病患的體重完全降不下來，第二型糖尿病越來越嚴重，腎臟病也持續惡化。所有的藥物、手術和治療方法，一點幫助都沒有。這究竟是為什麼呢？

　　我認為所有問題的根源在於體重。是肥胖造成了第二型糖尿病，進而引發其他的症狀。儘管現代醫學如此發達，有著豐富的藥典記載、高科技的奈米技術，和如同魔術一般的基因科技，但在

面對肥胖的問題時，目光卻是如此狹隘，只看見症狀卻忽略病因。

　　沒有人針對病因做出處理，即便是經過洗腎治療的腎臟病患，仍然會有肥胖、第二型糖尿病，和各種肥胖相關的併發症。肥胖的問題實在不容忽視！但我們卻一直專注在處理那些由肥胖所衍生的問題，而非肥胖本身。全美國的醫師，包括我自己在內，都是被這樣訓練出來的，這樣卻是治標不治本的行為。

圖表 1　標準醫療模式

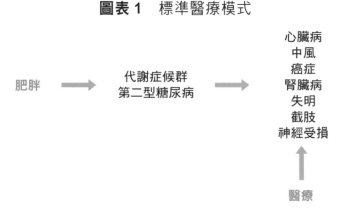

肥胖 ⟶ 代謝症候群 第二型糖尿病 ⟶ 心臟病 中風 癌症 腎臟病 失明 截肢 神經受損

⟵ 醫療

　　若病患成功減肥，第二型糖尿病便可反轉。因此解決肥胖問題，可說是治療第二型糖尿病最合理的解決之道。譬如車子在漏油，那麼正本清源的方法便是修補漏洞，而非購買更多的汽油和拖把來清潔漏出來的油，對吧？然而，作為醫療專業人員，我很慚愧地說，我們的實際所為僅僅是用拖把去清潔地上的漏油，卻不曾好好地修補漏洞。

　　如果我們能夠從源頭就解決肥胖的問題（詳見圖表 1），就不會惡化成第二型糖尿病和代謝症候群，沒有糖尿病當然就不會

引發與其相關的腎臟病，也就不會造成糖尿病相關的神經損傷。想通以後，便覺得一切豁然開朗。

　　至此我總算覺悟，我們努力的方向是錯誤的。問題在於我並不知道如何修正方向，因為我不曉得如何治療肥胖。儘管我已行醫 10 年，營養學知識最多也只有基礎程度。這分覺悟啟發了我長達 10 年的研究工程，最終建立了這套「密集飲食管理」（IDM）系統，並創辦了多倫多代謝科診所。

圖表 2　更有效率的醫療模式

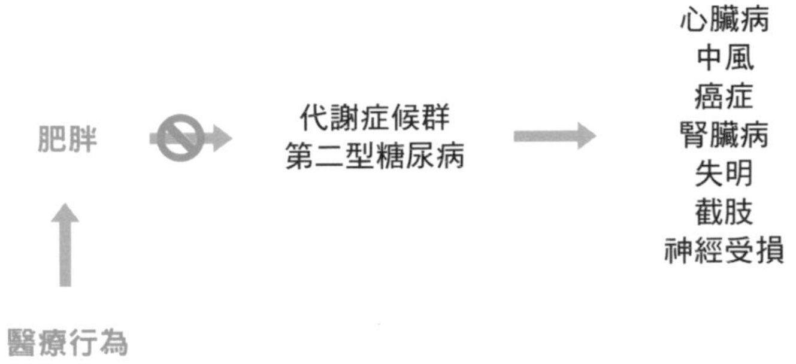

在思索肥胖的解方時，我意識到這一切歸根究柢，只有一個問題：究竟是什麼造成肥胖呢？也就是說，體重增加和肥胖的最根本的原因究竟為何？我們之所以不曾好好思考這個問題，是因為我們以為自己知道答案。但真的是這樣嗎？我們以為肥胖的成因，是攝取太多的熱量。若真如此，那麼減肥應該很簡單，只要減少熱量攝取即可。

　　但這個方法我們已經嘗試過，且是老調重彈了。過去 40 年來，我們始終認為減重的不二法門就是減少熱量攝取，並增加運

動量。但少吃多動的減肥方式，效果其實有限。我們可由食品標示估算熱量，計算食物熱量的書籍汗牛充棟，甚至還有計算食物熱量的手機 APP，運動器材甚至也有熱量計算的功能。我們用盡一切手段來計算熱量，好控制熱量的攝取，但這樣真的有效嗎？頑固的脂肪怎麼沒有像七月艷陽下的雪人一樣融化呢？儘管我們預期這些方法**應該**有效。但經驗證實，它們顯然全部**無效**。

從人體生理學的角度來看，用熱量來解析肥胖的理論根本不堪一擊。人體並不會對熱量產生反應，細胞的表面也沒有熱量的接收器，身體無從得知現在究竟吃進了多少熱量。如果身體不會計算自己吃進了多少熱量，那我們又何必要這麼做呢？卡路里其實是物理學上的概念，是計算熱量的單位。而代謝醫學僅僅是為了便宜行事，而向物理學借用這樣的觀念，忽略了它人體生理學上的真正意義。

「一卡路里就是一卡路里」（每一卡路里都要計算），這樣的觀念一時蔚為風潮，卻也引發了相關疑問：每一卡路里所導致的肥胖程度，真的都一樣嗎？對此我可以斬釘截鐵地回答：絕對**不是**！ 100 卡路里的甘藍菜沙拉所會導致的肥胖程度，絕對遠低於於 100 卡路里的糖果。而 100 卡路里的豆子所會導致的肥胖程度，也絕對遠低於於 100 卡路里的果醬麵包。然而過去 40 年來我們卻一直誤以為每一卡路里會導致肥胖的程度，都是一樣的。

因此，我寫下了《肥胖大解密》（*The Obesity Code*）這本書。書中我分享了過去 10 年來推廣集中飲食管理系統所累積的心得。營養是新陳代謝的關鍵，也就是分解食物分子以提供身體能量（卡路里）的這個過程，使身體得以利用能量來生長、維持，

並修復身體的組織，幫助生理機順利運作。為了回答這個長久以來的問題：什麼是造成肥胖的真正原因？我從源頭切入問題的本質，解讀卡路里的計算模式，得出這樣的結論：肥胖的真正原因是來自於荷爾蒙，而非卡路里失衡。我們所選擇的食物，以及進食的時機點，則是控制體重增減的兩大要素。

胰島素

我們身體裡所發生的一切皆其來有自，絕非偶然。生理機制的每個步驟，其實都得仰賴荷爾蒙訊號整體且和諧地運作。即使只是心跳的加速放慢、排尿量的多寡，也都由荷爾蒙嚴密地控制著。而我們所吃進身體裡的卡路里，究竟會被燃燒消耗或是轉換成脂肪儲存，也同樣由荷爾蒙所控制。因此，造成肥胖最重要的關鍵，不在於吃進身體的卡路里，而在於這些卡路里往何處去。胰島素是決定性的要素。

胰島素主要的功能就是儲存脂肪。這其實非關好壞，而是胰島素的基本功能。每當我們進食，胰島素便會上升，發出訊號通知身體將部分熱量儲存為脂肪。而當我們飢餓時，胰島素分泌便會下降，促使身體去燃燒利用所儲存的熱量（也就是脂肪）。假使身體的胰島素偏高，就會造成身體將較多的熱量轉化為脂肪。

有關人體新陳代謝的一切，包括體重，都是由荷爾蒙所發出的訊號來驅動。體脂肪的多寡乃是身體組成的重要要素，不會只取決於熱量攝取或是運動量的多寡這些不穩定的變因。在遠古時期，人類若是太胖，就會跑不動、抓不到獵物，自己也更容易被捕捉；但如果太瘦，又無法度過糧食短缺的期間。因此體脂肪是

決定物種存續與否的關鍵因素。

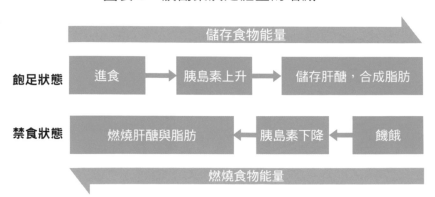

圖表 3　胰島素決定體重的增減

綜上所述，人體仰賴荷爾蒙來決定身體囤積多少脂肪。如同心跳和體溫，都是無法由意識控制的。體重亦然。是荷爾蒙決定我們何時產生飢餓感（飢餓素）和飽足感（多肽 YY，膽囊收縮素），何時又該提高熱量的消耗（腎上腺素）亦或是降低熱量的消耗（甲狀腺素）。而肥胖，便是荷爾蒙失調所造成的脂肪囤積：我們之所以會變胖，是因為體內的荷爾蒙發出增加體脂肪的訊號。這當中，最關鍵的荷爾蒙便是胰島素，而胰島素的上升或下降，則取決於我們的飲食習慣。

肥胖者的體內胰島素濃度較一般人高出 20％，而這個數據的高低，和其他重要的指標數據，如腰圍和腰臀比密切相關。我們或許可以推論：血液中胰島素濃度過高，是造成肥胖的原因？

要驗證「胰島素濃度高會造成肥胖」的假設並不難：如果隨

機為受試者施打胰島素，使其體內胰島素濃度提高，這些人是否會變得肥胖？我可以很確切地回答：**是的！**固定使用胰島素的病人，以及開出這個處方的醫師，都知道這個殘酷的事實：只要給病人施打越多的胰島素，病人就會變得越胖。已經有非常多的研究顯示出這項結果：胰島素會造成肥胖。

1993 年有一個指標性的研究「糖尿病控制及併發症實驗」，做了如下比較：在治療第一類型糖尿病患時，分別以標準劑量胰島素及高劑量胰島素來密切控制其血糖濃度。雖然以高劑量胰島素來控制血糖濃度的成效較好，但對於病患的體重會產生什麼後果呢？高劑量胰島素組病患的平均體重比標準劑量胰島素組病患的平均體重，增加了足足 9.8 磅（即 4.5 公斤）！有超過 30% 的病患體重明顯增加。在實驗進行之前，這兩組病患的體重差不多，而且整體肥胖的情形並不嚴重。唯一的差別在於施打胰島素的劑量。胰島素的施打劑量越高，其所造成的肥胖情形就越嚴重。

胰島素會造成肥胖。隨著血液中胰島素濃度上升，身體的基礎體重就會跟著上升。為了讓體重增加，大腦中的下視丘會發出荷爾蒙訊號，使人體產生飢餓感並且進食。假設我們回應這個訊號的方式是刻意地降低卡路里攝取量，那麼身體因應的方式便是降低熱量消耗總量。結果還是一樣——肥胖。

一旦我們了解到肥胖是內分泌失調所造成，便可以積極地處理它。既然過多的胰島素是造成肥胖的主因，那麼肥胖的對策不就應該是降低胰島素濃度嗎？問題的關鍵不在於平衡熱量攝取，而在於平衡胰島素濃度，因為胰島素乃是決定脂肪儲存最關鍵的

荷爾蒙。

有兩種情形會造成胰島素濃度升高：

1. 食用刺激胰島素分泌的食物。

2. 持續食用刺激胰島素分泌的食物，而且頻率提高。

設定目標

在《肥胖大解密》一書中，我說明了肥胖背後的科學和道理，以及如何應用這樣的知識來減輕體重。這是我集中飲食管理課程背後的知識基礎，多年來成功幫助許多人減重。這次我希望能更進一步，透過輕鬆美味的食譜和飲食計畫，提供一套簡單可行的方法，讓這些理論基礎落實在日常生活中。

體重控制的關鍵在於控制「控制肥胖的荷爾蒙」，也就是胰島素。胰島素是不能夠被藥物所控制的，要控制胰島素只能靠改變飲食習慣。簡而言之，就是兩個因素：

1. 吃什麼：決定胰島素上升到什麼程度。

2. 何時吃：決定胰島素濃度持續多久時間。

大部分的飲食控制計畫之所以無法成功，正是因為人們只知其一、不知其二，在顧此失彼的情形下宣告失敗。然而要追求全面的成功，就不可能只處理一半的問題。因此我要強調，我提倡的不是「低脂飲食」，不是「素食主義」，也不是「葷食」。甚至也不一定是「低碳飲食」。這是一套為降低胰島素濃度而設計的飲食計畫，因為胰島素正是啟動人體儲存體脂的生理機制。如

果想要降低體脂，就要降低胰島素濃度，而即便是高碳水化合物的飲食方式，也能夠達到這個目的。

　　從歷史上我們也可以看出端倪。許多傳統文化多以碳水化合物為主食，然而在這些社會中，肥胖的問題卻不若現今社會猖獗。在 1970 年代肥胖開始變得普遍以前，愛爾蘭人吃著馬鈴薯、亞洲人吃著白米飯、法國人吃著麵包，即便在美國，當迪斯可音樂席捲全國、《星際爭霸戰》（The Star Wars）在戲院中熱映時，人們也是吃著塗上果醬的白麵包、冰淇淋和餅乾。在過去，一般人的飲食中沒有藜麥、沒有羽衣甘藍，也不會特別去計算食物的卡路里，甚至不太常運動。過去的生活習慣與現今的健康概念大相逕庭，然而當時的人不特別努力避免，也不會產生肥胖的問題。為什麼會這樣呢？答案很簡單，仔細聽好了：**因為他們不會無時無刻都在吃。**

　　對抗肥胖的利器，便是結合「低胰島素食物」和「適當時機進食」兩個要件，雙管齊下。如果我們能夠適時讓身體進入「斷食」的狀態，那麼身體便可以在這個期間將「飽足」狀態下所儲存的熱量消耗掉一些。本書提供了一套簡單的方法來達成上述的目的：食譜中的餐點可控制飯後的胰島素不過度升高，而附錄則說明應如何有效地在「享受美食」和「斷食」之間進行時序上的交替。

吃什麼

這些年來，與肥胖相關的研究中有兩項重大的發現：第一，不管是那一種節食計畫，一開始都是有效的。第二，不管是哪一種節食計畫，終究都會失敗。無論是阿金式飲食（The Atkins Diet）、地中海飲食，或是最老派的低脂低卡飲食法都一樣，任何減重計畫通常都會經歷相同的過程：短期內體重下降，然而儘管仍持續進行節食計畫，在接下來的 6 至 12 個月內，便會進入減重的停滯期，而後體重再度開始逐步增加。在「糖尿病防治十年計畫」中，某個案例在第一年成功地減重 15.4 磅，隨後即進入可怕的停滯期；計畫結束時，實施節食計畫者和未實施節食計畫者的體重，竟然是一樣的。

　　也就是說，不管是那一種節食計畫，終究會失敗。問題是：這些計畫為什麼會失敗呢？若想要真正地減重，必須同時符合「吃什麼」及「何時吃」，畢竟肥胖的問題也有長短期之分。大腦的下視丘會為身體設定一個固定的體重——也可以稱之為「肥胖恆溫計」（有關身體的「設定體重」，詳見《肥胖大解密》一書），而胰島素會使得身體的「設定體重」升高。就短期而言，我們可以靠各種節食計畫在讓實際體重降低。然而一旦實際體重低於身體的「設定體重」，人體便會啟動另一個生理機制，讓身體回復到身體的「設定體重」這就是長期的問題。

　　我們還必須認清另外一個重點，那就是**肥胖是由許多因素共同造成的**。肥胖並不只有單一成因。過多的卡路里會造成肥胖嗎？就某個層次而言，會的。碳水化合物會造成肥胖嗎？就某個層次而言，會的。纖維質可否避免肥胖的發生？就某個層次而言，可以的。胰島素阻抗是造成肥胖的原因嗎？就某個層次而言，是

的。糖會造成肥胖嗎？就某個層次而言，會的。以上眾多因素和與之相關的荷爾蒙在不同的情形下交互作用，其中最關鍵的是胰島素，它會直接造成體重增加。低碳飲食可以降低胰島素的產生；而低卡飲食是對所有食物做出限制，也因此限制了胰島素的濃度的上升。舊石器時代飲食法（The Paleo Diet）與低碳優脂飲食法（Low-carbohydrate, healthy fat, LCHF）因為少了精緻食物，也會降低胰島素濃度。高麗菜湯飲食法（Cabbage-soup Diets）也會降低胰島素濃度。降低食物獎勵效應飲食法（Reduced-food-reward Diets）也會降低胰島素濃度。

我們對肥胖有個常見的誤解，以為肥胖只有一個最關鍵的成因，而其他的因素都只是附帶條件。然而，肥胖的真正原因，是由眾多因素和與之相關的荷爾蒙在不同的情形下交互作用，產生胰島素，進而造成了肥胖。正因如此，降低胰島素的方法也有許多。對某些病患而言，糖和精緻碳水化合物是主因，那麼低碳飲食法會最有成效。對其他病患而言，肥胖的主要原因可能是胰島素阻抗，那麼改變進食的時間或採用間歇性斷食，對這類病患最為有效。另外還有一類病患，他們肥胖的主因是皮質醇濃度過高，那麼就必須採取降低壓力，或是改善睡眠的方式來解決。欠缺纖維質也可能是造成另一類型病患肥胖的關鍵因素。但萬變均不離其宗，在每一種情形下，肥胖都是因為荷爾蒙失調，胰島素過高所造成。

肥胖是控制脂肪的荷爾蒙失調所產生的現象。而控制脂肪的主要荷爾蒙便是胰島素，因此控制體重最合理的方式便是使之降低。大部分的飲食法一次只處理一部分的問題，但我們其實是可

以同時處理多個問題的，這並不衝突。與其一次只處理問題的其中一環，不如採取更為全面性的對策和處置方式。與其比較各種飲食法之間的優劣（例如去比較低卡飲食法和低碳飲食法），何不多管齊下、萬箭齊發？沒有道理不這麼做啊。以下介紹一個直接了當的方式，可以同時從各個角度來解決肥胖的問題。

第一步：減少人工添加的糖分

我們都知道糖分會刺激胰島素分泌，然而糖分的害處卻遠甚於此。糖分特別容易造成肥胖，其原因在於它不但會使胰島素濃度激增，還會讓它長時間維持在很高的濃度。糖分的組成，葡萄糖和果糖各半，而果糖會直接造成肝臟內的胰島素阻抗。長期下來，胰島素阻抗會導致胰島素濃度提高。而麵包、馬鈴薯、白米飯等碳水化合物，則主要由葡萄糖所組成，不含果糖。

因此，額外添加的糖分，例如蔗糖、高果糖與蜜糖漿，比其他食物更容易導致肥胖。糖分特別容易導致肥胖的原因，在於它會直接造成胰島素阻抗。由於糖分並沒有其他營養價值，不管採取任何飲食法，都應該是第一個被排除的食物。

許多天然、未經加工的食物都含有糖分。例如水果含有果糖，而牛奶則含有乳糖。但天然的糖分與人工添加的糖分卻是截然不同的。我們可以從兩個角度來說明他們的差異：份量和濃度。除了蜂蜜以外，天然食品的糖分含量都是有限的。例如蘋果雖然有甜味，但它並非百分之百由糖分組成。然而，有很多添加人工糖分的加工食品，幾乎是百分之百由糖分組成，例如糖果便是。

糖分在食物的烹飪或是加工時都會有可能額外添加，這會對

想要減肥的人造成幾個不利的風險：第一，糖分的添加量沒有上限；第二，加工食品中所含的糖分比起天然食品中所含的糖分濃度高上許多；第三，糖分可以單獨攝取，因此很容易攝取過量。有些人會過度食用含糖量高的零食，因為這類食品中缺乏其它營養成分，無法產生飽足感；加工食品中也往往沒有足夠的纖維質來抵銷糖分所帶來的危害。舉例而言，要吃下相當於 5 顆蘋果的含糖量並不難，但相對地，要一口氣吃下 5 顆蘋果就沒那麼容易了。天然的食物有著啟動飽足感的機制，可藉此防止食用者攝取過多的糖分，但是經由人工添加糖分的加工食品，可能就沒有這個機制了。

因此在購買食品前，記得一定要詳細閱讀營養成分表。而精緻食品與加工食品幾乎沒有例外地，都不會將糖分直接標示為「糖分」。糖分的種類繁多，包括蔗糖、葡萄糖、果糖、麥芽糖、糖蜜、水解澱粉、蜂蜜、轉化糖漿、葡萄糖果糖、高果糖玉米糖漿、黑糖、玉米糖漿、棕櫚糖漿、龍舌蘭蜜等等，皆屬於不同種類的糖分，族繁不及備載。常見的手法是將糖分分類，並且使用各種別稱，使「糖分」在食品標示上不會被列為含量最高的成分，藉以規避食品標示的規範。

那麼想來點飯後甜點的話該怎麼辦呢？最好的甜點就是新鮮水果，當地盛產的尤佳。一碗莓果或是一盤櫻桃配上鮮奶油，就是一餐美好的句點。一小盤的堅果配上一點乳酪也是絕佳的選擇，既有飽足感也不會有額外的糖分負擔。大部分的堅果類都含有豐富的單元不飽和脂肪酸，碳水化合物含量不高，又富含纖維質，營養價值極高。許多研究顯示，增加堅果類的攝取量有助身

體健康，可降低罹患心血管疾病以及糖尿病的風險。當然，任何食物都一樣，還是要注意不能攝取過量。

令人驚喜的是，純度超過 70％ 的黑巧克力，若適量食用，也是健康零嘴的好選擇。巧克力本是由可可豆製作而成，在天然的狀態下是不含額外糖分的（要注意的是，一般市售的牛奶巧克力大多含糖量非常高，宜避免食用）。黑巧克力或是半糖巧克力的含糖量，都比牛奶巧克力或是白巧克力來得低。黑巧克力富含纖維質和天然抗氧化物，如多酚和黃烷醇。研究指出，食用黑巧克力有助於降低高血壓、胰島素阻抗，以及罹患心血管疾病的風險。

無論是天然或是人工添加的糖分，都應該只能是偶一為之的放縱和享受。關鍵詞是**偶一為之**。糖分是不能夠天天食用的，而且也不應該以人工甜味劑取代天然糖分，因為它刺激胰島素分泌的程度和天然糖分相同，因此導致肥胖的風險也是一樣的。

在每一次食用正餐的時候都要明智地選擇，正餐以外的點心則應該完全略過。另外早餐的食品更要格外注意。這些食品常常都是糖分偽裝的，和高度加工的碳水化合物混合在一起。市售的早餐穀片，特別是針對兒童所設計的，往往是這類產品中問題最大的。一個簡單的原則是，含糖的早餐穀片、類似的餅乾和穀物棒都應該要避免。如果非吃不可，則應選擇每一份量糖分低於 1 茶匙（4 公克）的產品。傳統的希臘優格營養價值高，但一般市售的優格通常都有大量人工添加的糖分。一份經人工添加糖分的水果優格，其糖分含量可能高達 8 茶匙（31 公克）。相較於這些，燕麥片、雞蛋都是更好的選擇。

燕麥片

燕麥片是一個傳統的健康早餐好選擇。不論是原型的燕麥或是鋼切燕麥（steel-cut oats）都很好，但因為纖維質含量較高，必須要花費較長的時間來烹煮。即食燕麥片經高度加工，屬於精緻食品，宜避免之。市售多款即食燕麥片皆經過人工調味，且含糖量頗高。

雞蛋

雞蛋是天然的食品，過去因為大眾普遍認為其膽固醇含量較高，而在食用上有所顧忌，但其實享用雞蛋的方式有很多種。蛋白的蛋白質含量豐富，蛋黃和有許多維他命和礦物質，包括膽鹼和硒。雞蛋同時也是葉黃素和黍黃素很好的來源，這些天然的抗氧化物可有效預防黃斑部病變和白內障的產生。雞蛋當中的膽固醇，可將血液的膽固醇顆粒轉化為分子更大、較無害的膽固醇顆粒。雖然在流行病學的研究中，食用雞蛋和心血管疾病並無直接的關聯性；但因為雞蛋是天然、未經加工的食物，而且很美味，因此建議可以多多食用。

如果你在早上並不覺得飢餓，其實等到中午再開始一天的第一餐也無妨。而吃早餐本質上也沒有任何的不妥，只要吃的是天然、未經加工的食物，且只吃正餐不吃點心即可。如果沒時間吃飯怎麼辦呢？那就不要吃飯，但千萬別因此去喝含糖飲料。

含糖飲料是現今北美地區飲食習慣中，人工添加糖分最主要的來源之一。這些飲料包含汽水、加了糖的茶類、鮮果汁、綜合

果汁、維他命水、水果冰沙、奶昔、檸檬水、巧克力和其他口味的調味乳、咖啡飲品和能量飲。熱飲如熱可可、焦糖瑪奇朵、咖啡和茶類飲品，也都很有可能加了非常多的糖分，外食的時候應特別注意。

那麼酒精類飲品呢？酒精是由各種來源的糖分和澱粉發酵而來——糖分經酵母菌食用消化後，方轉化為酒精。適度飲用紅酒並不會使得胰島素升高，或是降低胰島素敏感性，因此偶爾品嘗是可以的。每天飲用 2 杯以內的紅酒，與體重的明顯增加，兩者間並無明顯關聯性，甚至可能有益於提升胰島素敏感性。但時下流行的酒精飲料，如含酒精的檸檬汁、各種口味的冰酒、水果酒、啤酒、傳統酒類和雞尾酒，往往添加了許多糖漿，以及其他糖分很高的調味料，不可不慎。

那究竟還有什麼是可以喝的呢？最好的飲料其實就是白開水和氣泡水，也可以加入檸檬或是柑橘片來增添風味。如加入水果（如草莓）、香草（如薄荷）或蔬菜（如小黃瓜）則須放置過夜，較能入味。上述的加味白開水若再搭配上氣泡機，即可自製風味十足的氣泡飲品，而且便宜又健康。以下將繼續介紹其他美味又不會造成胰島素升高的飲料。

咖啡

儘管咖啡因為含有咖啡因，而被認為可能有害健康，但許多研究卻抱持不同看法。這也許是因為咖啡中富含各種天然抗氧化物、鎂、木酚素和綠原酸。即使是低咖啡因的的咖啡，也可能降低罹患第二型糖尿病的風險。2009 年，曾有一篇報告認為每天喝

一杯咖啡，可使罹患糖尿病的風險降低 7%，其累進效果可達 6 杯（也就是說，如果每天都喝 6 杯咖啡，那麼降低罹患糖尿病的風險可降低 42%）。咖啡也許還可以預防阿茲海默症、帕金森氏症、肝硬化和肝癌。即使這些研究成果有待確認，也不能做為咖啡有益健康的直接證據，但至少可以顯示咖啡也不見得全然有害健康（前提是不可加糖）。

茶

世界上最受歡迎的飲料，除了白開水以外，非茶莫屬。最常見的是紅茶，占全球茶飲用量的 75%。紅茶是完全發酵的茶，也因此茶湯色澤較深。烏龍茶則是半發酵茶，發酵的時間較短。綠茶不經發酵，在採收後立刻蒸煮以阻斷發酵，因此綠茶的口味較淡雅，帶有花香。天然綠茶的咖啡因含量遠低於咖啡，適合對咖啡因刺激性敏感度較高的人飲用。

綠茶中的多酚可能提高新陳代謝，促進體脂肪燃燒。除此之外，綠茶可能有助於運動過程中脂肪的氧化、提升靜態能量消耗，並降低罹患各種癌症的風險。綠茶的兒茶素特別豐富，對於避免代謝性的疾病可能有幫助。要特別留意的是，因為直接用熱水沖泡綠茶茶葉，其實會破壞茶葉中一部分的兒茶素，在此也推薦用冷水就可以調開的綠茶粉替代之。

花草茶的製作方式是將花卉、香草或其他植物浸泡在熱水中，因為不使用茶葉，嚴格上並不屬於茶類。只要不加糖，花草茶也是相當健康的飲料。

大骨高湯

世界各地的飲食文化中，幾乎都有熬製大骨高湯的習慣，這道美味的菜餚通常由大骨和蔬菜、香草和香料文火慢燉而成。因為燉煮的時間較長（達 4 至 8 小時），骨頭中的礦物質、膠質和其他養分均得以充分釋放。在烹煮時加入一點點醋可幫助礦物質釋出。大骨高湯的各種氨基酸含量很高，例如脯胺酸、精胺酸和甘胺酸，礦物質的含量也很高，例如鈣、鎂和磷。

第二步：降低精製穀物的攝取量

精製穀物刺激胰島素分泌的的程度幾乎高過任何食物。只要降低精製穀物的攝取量，減重成功的機率就大幅增加。白麵粉幾乎是營養破產的食物，因此就算很少食用，甚至完全不食用，也不會對健康有任何壞處。營養強化白麵粉（enriched white flaurs）則是在製作過程中先剔除麵粉一切的營養成分，而後再額外添加一些營養素，以製造健康的產品形象。

全麥麵粉或其他穀物的全穀物粉也好不到哪裡，因為維他命和纖維質成分較多，可以避免胰島素瞬間激增。然而全麥麵粉仍舊是經過現代化麵粉廠高度加工的食品，如果一定要吃的話，傳統石臼磨出來的麵粉會是一個比較好的選擇。因為現代化麵粉廠所磨製的麵粉顆粒極細小，而這些細小的顆粒在進入小腸後，被吸收的速度會非常快（即便是全麥麵粉也一樣），也因而對胰島素的分泌產生不良的影響。

食用碳水化合物時，應該盡量選擇維持食物完整原型，且未

經加工者。許多傳統文化中的飲食習慣，都以碳水化合物為主，卻並未因此衍生肥胖或是疾病，其原因就在於：西方飲食習慣對健康的壞處，多來自於食品加工的方式，而非食物本身。西方飲食習慣中的碳水化合物極度精緻化，也極容易導致肥胖。其實有很多未經加工、未經精緻化的蔬菜或是根莖類植物，都是很健康的碳水化合物來源，對胰島素的影響也不大。此外，種子和豆類也都是很好的替代品。

藜麥

藜麥屬於種子，但卻常常被當作穀物食用，甚至獲得「穀物之母」的美名。藜麥最早是由南美洲的印加民族所種植，現今市面上常見的則有紅藜麥、白藜麥及黑藜麥等幾個種類。藜麥的纖維質、蛋白質和維他命含量都非常高。除此之外，他的升糖指數很低，並富含抗氧化物，如槲皮素和山奈酚，被認為具有抗發炎的功效。

奇亞籽

奇亞籽源自南美洲，最早可追溯至阿茲提克和馬雅古文明時期，「奇亞」在馬亞語中有「力量」之意。不論是何種顏色的奇亞籽都富含纖維質、維他命、礦物質、ω-3 不飽和脂肪酸、蛋白質和抗氧化物。

豆類

乾燥的豆類在世界各地都是常見的主食，擁有豐富的纖維質和

蛋白質，食用方式也非常多樣化。豆類的種類非常多，在顏色、風味、口感上都各有不同，如綠色的扁豆、黑色的眉豆、紅色的蕓豆、棕色的鷹嘴豆。罐裝豆也是很好的選擇，但應注意要沖洗乾淨後再食用。

第三步：蛋白質攝取量不應太多或太少

精製穀物應完全避免，而蛋白質則應該要適度攝取，不應太多或太少。肉類、海鮮、雞蛋、乳製品、堅果、種子和豆類都是很好的蛋白質來源。所謂適度的攝取量，大約是總熱量的 20 至 30％，且食物種類應盡量多元。儘管刻意提高蛋白質的食用比例（例如大量食用蛋白、瘦肉或是加工食品，如蛋白粉）將有助於降低胰島素分泌，但這樣的飲食習慣不但成本昂貴，而且食物種類也不夠多元化。

第四步：增加天然油脂的攝取量

增加脂肪的攝取量。在營養的三大類別中（即蛋白質、脂肪、碳水化合物），脂肪是最不容易刺激高胰島素分泌的。因此，脂肪非但不容易導致肥胖，甚至可以說是具有避免肥胖的功能。適度添加油脂還可增加食物風味。關鍵在於多攝取未經加工的脂肪，例如橄欖油、椰子油、牛油或豬油，而避免高度加工的植物油，例如從堅果或種子所榨取的油脂。此類油脂的 ω-6 脂肪酸含量較高，容易導致發炎反應，對身體產生負面影響。以下推薦幾種家庭常備油脂。

橄欖油

在被公認為健康飲食的地中海飲食中含有大量的油酸，它是橄欖油所含之單元不飽和脂肪酸的其中一種。榨取橄欖油的方式有很多，也會影響橄欖油的評級。榨油的第一步，是將成熟的橄欖輾壓成泥後，利用冷壓方式壓榨。以上述完全物理性的榨油方式取得的油便是所謂「特級冷壓橄欖油」（Extra virgin olive oil），也是橄欖油的首選。其他等級的橄欖油則仰賴高溫或化學方式榨油並調整風味，宜盡量避免。應注意，所謂「橄欖油」往往就是這種油。橄欖油富含抗氧化物，包括多酚和一種特殊的酚類化合物「刺激醛」（oleocanthal），具有抗發炎性質。據說橄欖油還可以消炎、降低膽固醇、減少血栓、降血壓。整體而言，這些性質使得橄欖油對於心血管疾病如心臟病和腦中風都有預防的效益。

堅果類

堅果在地中海飲食中占有重要的地位，但因為脂肪含量較高，長期以來被列為應避免食用的食物，直到近年來大眾認識到堅果的健康價值後，觀念才有所改變。除了健康的油脂外，它還具有高纖維質和碳水化合物的優點。不論生吃、烘培皆可，但應注意勿額外添加過多的糖分，如蜂蜜堅果。核桃富含 ω-3 脂肪酸，有益心臟健康。此外，堅果磨製成漿飲用也十分美味，但同樣應注意勿額外添加糖分。

全脂類乳製品

牛奶、鮮奶油、優格、起司，都是相當美味，且不會增胖的美

食。一篇實驗報告顯示，根據 29 個隨機對照實驗結果，食用全脂類乳製品並不會造成體脂肪的增加或是減少。而食用全脂類乳製品與降低罹患第二型糖尿病 62％的風險有關。選擇有機的乳製品。所有天然乳製品都是健康的，包括羊奶。

酪梨

近年來，酪梨被視為健康美味的食物。酪梨的維他命含量豐富，鉀含量也很高。和一般水果最大的不同是，酪梨的碳水化合物非常低，而單元飽和脂肪油酸非常高，纖維質含量也很豐富。

第五步：多吃纖維質、多吃醋

纖維質可以降低碳水化合物對於胰島素分泌的刺激作用，因此可保護身體避免肥胖。以北美地區的飲食習慣而言，纖維質每日攝取量的實際平均值，大多低於每日建議攝取量，因為在食品加工的過程中，纖維質往往都已被去除。攝取天然、完整的食物，較能提供足夠的纖維質，例如水果、莓果類、蔬菜、全穀類、亞麻仁籽、奇亞籽、豆類、堅果類、燕麥片和南瓜籽。

醋

醋在傳統飲食中非常常見，食用的方式也很多元，與高碳水化合物的食物搭配食用時，可減緩胰島素激增的程度。例如壽司米當中因為添加了醋，而使升糖指數降低 20％至 40％。同理，英國人也習慣將炸魚和炸馬鈴薯蘸麥芽醋搭配食用，也有很多人習慣將白麵包蘸著橄欖油和紅酒醋吃。蘋果醋用水稀釋後便成為清爽的飲料，但應注意避免額外添加糖分的醋。

怎麼吃能幫助減重

1. 減少添加糖分。
2. 減少精製穀類。
3. 適度攝取蛋白質。
4. 多攝取天然脂肪。
5. 多攝取纖維質和醋。

何時吃

飲食習慣（即「吃什麼」）僅解決了問題的一半，若想要長期減重就必須同時處理兩部分的問題。胰島素居高不下的原因有二，其一在於吃了什麼，這些食物有多少是會造成肥胖的？在我們進食的期間，胰島素濃度會升高，身體接獲荷爾蒙的指令儲存脂肪。然而胰島素所帶來的影響不僅是胰島素濃度有多高，同時也取決於其濃度維持的時間有多長。因此，兩次進食之間應保留足夠的空檔，讓胰島素濃度有機會降低。這點非常重要。斷食法便是處理問題第二部分的對策。斷食可有效調整荷爾蒙失衡所造成的肥胖問題，有助於長期維持體重。藉由調整飲食內容及斷食法雙管齊下來維持體重，經過長期試驗下來，確實是相當有效的。

這代表什麼呢？假設某天你去逛街採購，花了 1,000 美元，滿載而歸。這沒有什麼不好，但是如果天天如此，那你可能很快就破產了。這說明了一個事件所帶來的影響，除了取決於事件的內容，也取決於事件發生的期間和頻率。而胰島素對身體的影響，

也是相同的道理。它不僅取決於胰島素的濃度有多高，也取決於胰島素維持在高濃度的期間有多久、頻率有多頻繁。這就牽涉到進食的頻率和次數，這與進食的內容是完全不同的兩個問題。對於想要減重的人來說，胰島素濃度一天提高 2 次，會比一天數次來得好很多。

那我們要如何刻意使胰島素維持在低濃度呢？任何食物都會刺激胰島素分泌，唯一的解方就是不吃東西。因此答案就是：斷食。斷食指的就是一段期間內完全不進食，也許是幾個小時，也有可能是幾週。如果目的是減重，或是逆轉第二型糖尿病，我通常會建議，6 至 36 小時的斷食是最恰當的。

斷食在歷史上是常見的治療方法，但切勿將斷食和飢餓混為一談，況且飢餓是一種不健康的狀態。飢餓是非自主讓身體進入挨餓的狀態，是未經規劃和控制的。如果身體已經長時間沒有進食，也不知道下一餐在何處，那就算是飢餓。然而斷食是有計畫，有控制地停止進食，也許是為了宗教心靈，或是健康等其他因素，是自願的。斷食的時間可以很長，但只要願意，隨時都可以再度恢復進食。

很多人會擔心如果不吃東西的話精神會不好，沒有體力，實則不然。回想一下你上次吃完大餐以後的感覺：當時精神和體力有特別好嗎？還是覺得昏昏沉沉的呢？答案也許是後者。進食的期間，血液供給會大量集中到消化系統，而大腦中的血液則會減少。斷食會產生相反的效果，也就是大腦中的血液會更加充足。人體的演化的機制已使得身體在沒有進食的時候，也能夠充分運

作、發揮。

葡萄糖和脂肪是身體主要的能量來源。當葡萄糖不足時，身體便會改為消耗脂肪。脂肪其實就只是身體儲存能量的方式，它最主要的功能就在於此。當食物不足時，脂肪便可提供能量給身體使用，以維持身體機能。這是非常合理且自然的狀態。而人體從飽足到斷食之間會經歷以下幾個階段：

1. **進食中**：胰島素上升，幫助葡萄糖吸收，直接供給肌肉和腦部所需能量，多餘（未消耗）的能量則轉為肝醣儲存於肝臟。

2. **進食後（開始斷食後的 6 至 24 小時）**：胰島素下降。肝醣分解成葡萄糖以供給身體能量所需。肝醣的存量約莫可供給身體 24 小時的消耗量。

3. **糖質新生作用（24 小時至 2 天）**：肝臟開始結合胺基酸和甘油而產生出新的葡萄糖。此時，非糖尿病患者的血糖會略為降低，但仍維持在正常範圍內。

4. **生酮作用（開始斷食後的 1 至 3 天）**：脂肪儲存的狀態為三酸甘油脂，此時會開始分解成甘油和脂肪酸。甘油會被用於糖質新生。脂肪酸則可直接提供身體能量消耗所需，但大腦除外。而由脂肪酸所產生的酮體，在穿透血腦障蔽（brain-bloodbarrier）後，可供高達 75％的大腦能量所需。

5. **蛋白質保護期間（5 天以後）**：生長激素會增加，以維持肌肉量。而身體所需的基礎消耗量此時幾乎全由脂肪酸和酮體來提供。腎上腺素也會增加，以避免新陳代謝下降。

在斷食 13 至 16 小時的狀態下，血糖的濃度會維持在正常範圍內，但身體已經開始轉換為燃燒脂肪，以提供能量所需。近期研究顯示，隔日（兩天一次）斷食是可接受的減肥法。以下提供一個簡單明瞭的飲食方式，可有效降低血糖、減輕體重。

第一步：有飢餓感才進食

很多人到了用餐時間，即使沒有感到飢餓，仍然會進食。例如很多人習慣早上起床不久後便要用早餐——但其實早餐的重要性和必要性被高估了。所謂早餐，也不過就是睡醒後的第一餐，假設下午 2 點吃當天的第一餐，那麼那餐就是「早餐」（會這麼說，是因為早餐的英文「breakfast」，字面上的意思，其實就是「結束斷食後的第一餐」）。依照這個定義，其實不管幾點，我們都會吃「早餐」的。如果不管肚子餓不餓，就是要在晨間刻意吃很多食物，這麼做究竟對身體有什麼特別的好處嗎？其實並沒有。我們是否不管胃口好不好，都一定遵守每日三餐的原則呢？其實不需要。吃東西並不會幫助你減重。

避免零食和點心

所謂健康零嘴，是減重的一大迷思。直到 1970 年代，人們都還是維持著一天三餐，不吃零食、點心的習慣，然而到了 2000 年代，少量多餐的概念蔚為風潮，美國人平均一天吃 5 到 6 餐。最難以置信的是，我們還以為這麼做，有益身體健康！營養專家竟然教我們吃這個、吃那個來減肥！仔細想想，這真是令人匪夷所思，持續刺激胰島素分泌，遲早會導致胰島素阻抗的後果。

那麼我們有必要食用零食和點心嗎？答案是完全不需要。我建議當你下次有吃零食的念頭時，問問自己是真的餓了？還是只是感到無聊呢？最好的方法就是身邊完全不要出現零食，眼不見為淨。如果真的很難改掉吃零食的習慣，建議可以用對身體傷害較小的方式取代之，例如下午茶時間喝一杯無糖綠茶。點心時間究竟該吃什麼？最簡單的答案就是：什麼也不要吃！不吃零食點心，生活更簡單也更健康。

第二步：間歇性斷食

斷食法與其他節食法最大的不同就在於其間歇性的特質。許多節食法之所以失敗，則是由於其規律且恆常不變。地球上生物最大的特色就是「均質化」；意即任何長期、常態的刺激久而久之都會產生適應，到最後同樣的刺激便不再具有刺激性。因此，長期刻意減少熱量的攝取，到最後身體也是會適應，結果身體消耗的熱量減少，減重進入停滯期，最終又導致體重增加。

相對地，間歇性斷食卻是不斷促進荷爾蒙分泌的變化。進食的習慣必須是「間歇性」的，而非固定、規律的。食物是拿來享受的，在各種文化中，重要的場合或是日子都要用盛大的宴席來慶祝，這是非常合乎常理的作法，對身體健康也沒有不好。不管是婚宴或是壽宴，都該盡情地大快朵頤一番。但在大吃一頓後，就應該徹底實施斷食。這是生物天然的規律。不間斷地「進食」與不間斷地「禁食」，一樣都是行不通的。

如果你不曾嘗試過斷食，你可能會有一點不知所措，但只要多多練習，很快就會上手了。世界上大約有 16 億的回教徒，虔

誠的回教徒每年有整整 1 個月實行斷食，每週有 2 天禁食。而摩門教徒約有 1,400 萬，他們每個月斷食 1 次。佛教徒大約有 350 萬，其中許多人經常實施斷食。既然世界上有大約三分之一的人口有斷食的生活習慣，可見的斷食法絕對是可行的。

斷食法可以搭配任何一種飲食法執行。無論是素食主義者、蛋奶素者，或是無麥麩質飲食者，都可以合併斷食法執行。有些飲食法主張應多吃草飼的有機牛肉，這是一種昂貴的飲食法，如果搭配斷食法執行，應可以節省下不少成本。在家烹飪固然比外食健康，卻非常耗時，搭配斷食法可為您節省不少寶貴的時間，而省去採買、備餐的工作，生活也變得更輕鬆簡單。

可幫助減重的進食時機點
1. 只有飢餓時才進食
2. 間歇性地斷食

我們在前面的篇幅已討論過該吃什麼—— 減少糖類和精緻穀物、適度攝取蛋白質、多吃健康的脂肪。此外應盡量攝取俱有保護作用的纖維質和醋。還有別忘了要選擇天然、未經加工的食品。

而現在你也了解到應該要在什麼時候吃東西：只有在感到飢餓的時候才進食，唯有如此才能平衡胰島素的分泌，使得身體能夠時而處在胰島素的作用下，時而又可免於胰島素的影響。實施斷食法可以使身體在「進食」和「禁食」之間取得平衡，規劃何時進食一個很有效的方法。簡單來說，只要用正確的方法禁食就

能夠減重。本書中我將提供超過 100 道美味的食譜，幫助在應該吃東西的時候吃得健康，並利用各種美味的飲品度過斷食的期間。

斷食相關的實用資訊和常見問題

在傳統上，斷食一直是治療身體不適的有效方法。在古希臘文明中，現代醫學之父希波克拉底（Hippocrates，生存年代約為西元前 460 至 370 年）就曾經開出「斷食」及「蘋果醋飲」的處方。他也曾經說過，在生病的時候進食，等於是在餵養疾病。不妨試著回想，上次感冒的時候，是不是一點食慾也沒有呢？

儘管斷食法怎麼想都是可以醫治百病的一帖良方，仍舊有許多人對它抱持懷疑的態度，因而有許多與斷食法相關的迷思，至今仍未破除。

不妨考慮看看以下這些說法：

• 斷食會造成肌肉和蛋白質流失。
• 大腦需要葡萄糖才能夠運作。
• 斷食會使身體進入飢餓模式，降低基礎代謝率。
• 斷食會使得身體承受極大的飢餓感。
• 斷食會造成營養不良。
• 斷食會造成血糖過低。

如果以上這些說法屬實，那麼我們今天也不會活在這個世界上了。舉個例子。試想利用肌肉作為熱量來源，會造成什麼後果？在遠古時代，漫長的冬天裡食物長時間匱乏，假如此時身體開始消耗肌肉作為能量來源，身體將會變得非常虛弱，這樣的情形只

要多發生幾次，身體便會虛弱到無法狩獵或是採集。因此人類的身體並不會在食物匱乏的時候便立刻燃燒肌肉，以作為能量的來源，除非體脂率已降至 4% 以下。而一般北美地區民眾的體脂肪，平均約落在 25% 至 30% 的範圍內。

即使在現代，斷食作為治療疾病的方式仍然非常有效，包括肥胖、糖尿病等各種疑難雜症，都可以靠斷食法得到改善。要記得的是，斷食法是自願性地在一段時間內禁食。由於這是大幅改變生活習慣的一種方式，開始之前應先向醫師諮詢，特別是懷孕的婦女，或是糖尿病患者。接下來的段落，我將更深入描述進行斷食法可能會發生的實際狀況。

斷食法入門

在斷食期間，我建議可以多喝零卡路里的飲品，如黑咖啡、清湯、白開水及茶類飲品，這些都對抑制食慾、維持身體水分有所幫助。斷食沒有標準的長度或是頻率，從 12 個小時到 3 個月都有人做過，頻率可能每是每週 1 次、每月 1 次，或是每年 1 次。若採取間歇性斷食，則斷食的時間通常較短，頻率較高。我最常推薦的 3 種規劃方式是 16 小時、24 小時和 36 小時的間歇性斷食：

- 16 小時間歇性斷食法，應設法將每天進食的時間縮短在 8 個小時內，也就是說如果晚上 7 點開始禁食，就要到隔天的早上 11 點才能再度進食，並且在接下來的 8 個小時內，吃 2 至 3 次的正餐，至晚上 7 點再重新開始禁食，如此周而復始。
- 24 小時間歇性斷食法，則例如在晚上 7 點進食後開始禁食，直到第二天的晚上 7 點後才再度進食。

- 36 小時間歇性斷食法，則例如在晚上 7 點進食後開始禁食，直到第三天的早上 7 點後才再度進食。

　　禁食的期間越長，胰島素就可以降得越低，對於減重和降低血糖的效果就更顯著。我對通常會建議診所的病人進行 24 或是 36 小時的斷食法，每週 2 到 3 次。

　　想要試試看，但是還是有疑慮嗎？以下整理一些常見的問題供你參考。

斷食常見問題集

Q：斷食期間可以攝取的飲食有哪些？

　　只要是有熱量的食品和飲品在斷食期間皆應禁止，但應補充足夠的水分。因此白開水、氣泡水、礦泉水都是很好的選擇。應設定目標，每天喝足 8 杯水，可加入幾滴檸檬汁調味。稀釋的蘋果醋（濃淡依個人喜好即可）也是很好的選擇，對控制血糖也很有幫助。也可以自己熬製高湯（作法詳見 186 至 192 頁），原料選擇牛肉、豬肉、雞肉或是魚骨皆可，再加上一點點鹽巴調味。蔬菜高湯也是另一個選擇，但肉湯的營養價值更高一些。應避免食用罐裝的高湯或是高湯塊，此類產品的人工調味料和味精含量太高。任何類型的糖分或是甜味劑皆應禁止。

Q：我必須搭配三餐服用藥物，斷食的時候應如何調整？

　　某些藥物不適合空腹服用，例如阿斯匹靈，可能造成腸胃不適甚至潰瘍。鐵劑若空腹服用則有可能造成暈眩或是嘔吐。二甲雙胍（Metmorphin）這種治療糖尿病及多囊性卵巢症候群的藥物，

則有可能造成暈眩和腹瀉。建議正在服用藥物的病人在開始進行斷食前，先向醫師諮詢。

Q：糖尿病患者可以進行斷食嗎？

糖尿病患者及正在服用糖尿病藥物者，若想要進行斷食，應格外小心，因為斷食會讓血糖降低，此時若同時服用降血糖的糖尿病藥物有可能造成血糖過低，嚴重時可能造成生命危險。因此糖尿病患者若想要進行斷食，必須由合醫師配合密切監控，如果無法配合，則不可貿然進行。

在我設計的密集飲食管理課程中，因為預期血糖會降低，所以我通常會在開始課程前先將糖尿病患者的用藥減量。然而，因為血糖的反應不容易預測，斷食的時候應該每天 2 次檢查並記錄血糖濃度。如果血糖持續維持在低檔，那麼也許就是用藥過度了。如果血糖一直維持在極低的狀態，就應該攝取一些糖分或果汁，讓血糖恢復正常，即便這麼做會使得斷食的計畫中斷。另外也要每週測量血壓，並固定和醫師進行各項血液檢驗，包括電解質的測量。如果感到不適，應立即中止斷食計畫並立刻就醫。

Q：進行斷食時如果感到飢餓，應如何處理呢？

這應該是進行斷食者最大的顧慮。大部分的人都以為斷食期間，會產生強烈的飢餓感，事實上飢餓的感覺並不會一直持續，而是一波一波地來襲。如果當下感到飢餓，要知道飢餓的感受很快就會過去。在斷食期間保持忙碌，轉移注意力，有助於抑制食慾。隨著身體逐漸習慣斷食，燃燒脂肪的機制便會啟動，飢餓感

便會消退。在長期的斷食計畫中，很多人發現到了斷食的第二天或第三天，飢餓感甚至時完全消失了。

Q：進行斷食的時候可以運動嗎？

當然可以。進行斷食沒有理由要改變原本的運動習慣。各種運動皆可以繼續進行，無論是重量訓練或是心肺運動，都非常適合。一般人有一個迷思，認為必須要進食才能提供運動所需的體能，然而肝臟可以靠著「糖質新生」的作用來替身體能量。在更長時間的斷食中，肌肉可以利用脂肪酸作為能量來源。事實上，因為在斷食期間腎上腺素會分泌得特別多，反而時最適合運動的狀態。而促進身體發育的荷爾蒙也會因為斷食而分泌得特別多，有助於肌肉量增加。

Q：進行斷食會讓我感到疲倦、精神不濟嗎？

通常不會。在我設計的密集飲食管理課程中，反而會產生相反的效果。很多人反而覺得斷食期間變得更有精神，這可能是受惠於腎上腺素的分泌。基礎代謝率不但不會因此下降，反而會上升。日常生活的活動皆不受影響。持續或過度感到疲倦，都不是進行斷食正常該有的反應。如果有的話，應立即停止斷食，即刻就醫。

Q：斷食是否會使我思緒混亂或是變得健忘？

在斷食期間不應該感到記憶力減損，或是注意力無法集中。古希臘人認為斷食可提升認知能力，智者因斷食，故思路敏捷而清晰。長遠來看，斷食可以改善記憶力。有一種說法認為斷食可以活化一種名為「自噬」（antophagy）的細胞自我清理機制，可避

免因老化而造成記憶力退化。

Q：如果我感到暈眩，該怎麼做？

如果你感到暈眩，那很有可能是水分攝取不足。一定要確保自己攝取充足水分，也可在高湯或是礦泉水中額外添加一點鹽分，來提升身體的保水力。還有一種可能性是血壓過低，這種情形在服用高血壓藥物的病人中特別容易發生，此時可跟醫師討論改變用藥。如果暈眩、頭痛、嘔吐的情形一直持續，應立即停止斷食，即刻就醫。

Q：如果肌肉痙攣，該怎麼做？

身體的鎂含量過低時，肌肉容易產生痙攣，這種情形在糖尿病患者身上尤其常見。具體的對應方式，包括服用容易獲取的鎂補充劑，或是浸泡瀉鹽浴（瀉鹽即硫酸鎂）。在一缸溫水中加入一杯（250 毫升）的硫酸鎂，浸泡半小時即可，鎂可經由皮膚吸收。

Q：如果我感到頭痛，該怎麼做？

可增加鹽分攝取，在高湯或是礦泉水中額外添加一點鹽巴。在頭幾次的斷食中，頭痛的反應是很常見的。有一種解釋，是身體此時正在適應由原本高鹽分，轉換到斷食期間低鹽分的狀態。頭痛的反應通常都只是一時的，在慢慢習慣斷食後便不會再發生。如果還是感到有疑慮，可向醫師諮詢。

Q：如果有便祕情形，該怎麼做？

一開始進行斷食的時候，有可能會發生便祕的情形。建議此時可增加堅果、水果及蔬菜的攝取量。食用纖維粉（metamucil）可

提高纖維質攝取，並增加排便量。如果便祕的問題持續，也可以請醫師開立瀉藥處方。

Q：應該如何終止斷食呢？

在斷食一段時間後，一開始恢復進食時，可從一小把的堅果或是沙拉開始。如果在斷食一段時間後立刻開始大吃大喝，有可能會造成腸胃不適或是胃食道逆流。儘管這些都不是很嚴重的症狀，卻令人感到不適。用餐後應避免立刻躺下，維持直立狀態至少半個小時。如果在夜間發生胃食道逆流，可以試著用木塊將床頭墊高。如果不適的狀況持續，應向醫師諮詢。

Q：執行斷食一段時間後，為何我的體重仍然沒有減輕？

如果你的目標是要快速減重，那麼建議你要堅持，並保持耐性。體重減輕的多寡因人而異，與肥胖搏鬥越久的人，減重的難度就越高；某些用藥也會增加減肥的難度。而減肥幾乎終究會進入停滯期，此時改變斷食的時程及選擇的食物，可能會有所幫助。例如延長斷食的期間，從 24 小時到 36 小時，甚至是 48 小時。有些人每天只吃一餐，有些人斷食一整週；改變進食與斷食的時程，是突破減重停滯期最好的方法，但宜先向醫師諮詢。

成功的祕訣

在我的密集飲食管理診所，每年有上百位各種年齡層、各種健康狀況的病人成功改善身體狀況。以下這些祕訣也許也能幫助你。

1. 喝水：每天早上起床時先喝一杯水。

2. **生活充實**：忙碌的生活有助於分散注意力，不再專注於食物之上。不妨將斷食日安排在忙碌的工作日。

3. **喝咖啡**：咖啡可溫和地抑制食慾。綠茶、紅茶、高湯也同樣值得一試。

4. **忍受飢餓**：飢餓感如同浪潮，一波波襲來又退去，並不會一直持續。要有耐心，試著讓自己分心。

5. **不要告訴大家你正在斷食**：很多人不了解斷食帶來的好處，可能會勸阻你的計畫。

6. **給自己 30 天**：培養身體的慣性需要一點時間。如果遇到挫折不要感到氣餒，堅持下去，慢慢會越來越好的。

7. **進食的期間，應攝取營養豐富的食物**：執行間歇性斷食法不表示可以忽略營養均衡。在進食的那幾天，應盡量保持飲食中少糖、少精緻碳水化合物的型態。

8. **不要暴飲暴食**：結束斷食的時候，應維持自然、正常的飲食，不要刻意大吃大喝。

　　最後一點，要試著讓斷食融入生活！試著刻意地將斷食的時程安排在不干擾生活作息和社交生活的時段。儘管這麼做有時候真的很難，特別是要參加婚宴、度假，或是逢年過節時。其實該慶祝的時候就好好地吃、好好地慶祝，好好地放鬆、享受。但在節慶過後，就要趕快回復斷食的計畫。雖然改變飲食習慣不是一件容易的事，但只要願意開始，就是向更健康的身體再邁進了一大步。

食譜

常備食材

本書中的食譜強調健康的天然脂肪，並減少澱粉和糖類的攝取。這些食譜原則上口味適中、技巧簡單，設計的理念是希望在料理方式上保持輕鬆和彈性，而非必須嚴格遵守步驟。多嘗試幾次，慢慢熟悉後，也可以試著變化，依個人喜好活用替代的食材，調整調味的濃淡，延長或是縮短烹調的時間。

實驗的過程中，若能夠有一套常備的基本食材，應該會讓你覺得更加得心應手。選購醬料、調味料時，要記得仔細閱讀成分表和營養標示。糖分有可能以各種千變萬化的形式添加在其中，因為它是價格低廉的調味料；而澱粉類也是常用的增稠劑。以下介紹一些平常就可以儲備在家中的材料，方便你隨時取用。

飲料

在本書中，我提供了各種可在斷食的期間飲用的飲品，包括高湯。下列各種選項也能讓斷食期間充滿變化：

- 咖啡：一般咖啡和低咖啡因咖啡。
- 茶：紅茶、白茶、烏龍茶、綠茶、花草茶、冷泡茶顆粒。
- 白開水：別忘記了最基本且容易取得的白開水！可選擇礦泉水或是氣泡水，或是用冷泡茶顆粒增加風味。
- 不甜的紅酒：僅在非斷食期間適度飲用，不可過量。應先確認糖分含量。

調味醬料

市售的調味料通常糖含量非常高，應仔細閱讀營養標示，並且留意糖分的形式。糖類的種類眾多，名稱上也不見得可一眼辨別。下列是比較安全又實用的醬料：

- 咖哩醬。
- 芥末醬。
- 味噌醬。
- 辣椒醬。
- 芝麻醬。
- 無麩質醬油。

乳製品

講到乳製品，建議可選擇全脂製品。奶油起司或鮮奶油，都可用來增添醬料的風味或濃稠度。除牛乳外，羊乳也是很好的選

擇，應避開乳瑪琳。建議冰箱可以儲備這些乳製品：

- 奶油（可依個人喜好選擇有鹽或無鹽奶油）、全脂牛奶、18 或 35% 的鮮奶油。
- 各種軟硬度的瑞可塔起司（Ricotta cheese）。此外，帕瑪森起司（Parmesan cheese）或是皮克諾起司（Pecorino cheese）在常備清單中，絕對不會錯。
- 優格：避開額外添加糖分的水果優格。

油脂類

避開過度精製或是過度加工的油類，如以下各種植物油：玉米油、棉花籽油、紅花油、芥花油。選擇以冷壓方式萃取，越接近食物原貌、加工越少者越佳：

- 椰子油。
- 特級冷壓橄欖油。
- 印度酥油（ghee）。
- 葡萄籽油。
- 芝麻油。
- 核桃油。

蛋白質

蛋白質攝取應適量，身體不需要依靠刻意食用大量蛋白質，才能產生飽足感或足夠能量。每一餐都攝取一些蛋白質，是不錯的方法。可選擇以下優質蛋白質來源：

- 豆類：乾貨或罐頭皆可，是為飲食添加纖維的好選擇。

- 雞蛋：三餐都適合食用，別老是存著當早餐吃。
- 魚、家禽類、紅肉、白肉：可選擇脂肪比例高者。
- 堅果類、種籽類：核桃、杏仁、芝麻、亞麻仁籽、葵花籽、奇亞籽。
- 藜麥：屬於種籽而非穀物。
- 在冷凍庫中常備培根肉、義式火腿（prosciutto）或義式培根（pancetta），它們可以保存較久。

香料

乾燥的香料和花草散失風味的速度比想像中來得快，因此保存時間不宜過長，備用量大約以每 3 個月替換一次的份量最為恰當。
- 黑胡椒。
- 辣椒粉。
- 墨西哥辣椒（chipotle）。
- 孜然籽和孜然粉。
- 咖哩粉。
- 普羅旺斯香料，如乾燥的羅勒葉、薰衣草、奧勒岡草（oregano，亦稱牛至）、迷迭香、茴香、百里香。
- 薑黃粉。

蜂蜜和楓糖漿

可增加食物的甜味。但記得一定要詳細閱讀標示，市面上許多這類型的商品都有額外添加高果糖玉米糖漿，應小心避免。購買楓糖漿時也要避免標示為「鬆餅醬」的商品。

蔬菜水果

多吃蔬菜水果，有益健康。可添加一點健康的油脂來增加風味，例如橄欖油就非常合適。如果想要減重，則應避免吃白馬鈴薯。新鮮蔬菜、冷凍蔬菜都是很好的選擇，罐裝蔬菜次之，但罐裝番茄除外，不僅十分美味，在料理的搭配上也非常多樣化。

• 罐裝番茄。
• 柑橘類：檸檬、萊姆可以瞬間增加色彩和提味。
• 薑：冷凍後更容易磨碎。
• 深綠色的葉菜類：如羽衣甘藍、芥藍菜、花椰菜。
• 浸泡在橄欖油中的橄欖。
• 洋蔥、青蔥、紅蔥頭、大蒜：隨時都要準備一些辛香類的食材。

醋

經過發酵食物和液體有助於消化，還可以中和油膩，讓食物更美味。但選用巴薩米克醋（balsamicvinegar，又稱「義大利陳年葡萄醋」）時要特別注意，這類醋的糖分含量往往很高，因此以此調味的食品都應該特別注意。用香草調味的醋或蘋果醋，都很適合搭配沙拉食用。

• 蘋果醋。
• 紅酒醋、白酒醋。
• 白醋。
• 雪莉酒醋。

從斷食恢復進食

早餐

奇亞籽甜點百匯

吃法百變又百搭的奇亞籽會廣受喜愛不是沒有原因的：不但擁有豐富的抗氧化劑、蛋白質和纖維質，而且不含澱粉或是糖分，對於低卡飲食再適合不過了。加了水的奇亞籽質地濃稠，猶如布丁一般，與各種風味的食材都十分搭配。

4 人份

材料

無糖椰奶或杏仁漿	1 公升
香草精或肉桂粉	少許
猶太鹽	適量
奇亞籽	250 毫升
冷凍莓果	500 毫升
碎堅果和種籽	60 毫升
檸檬皮屑（裝飾用）	少許

作法

❶ 依份量備齊材料。準備 4 個 350 毫升附蓋玻璃杯。

❷ 將椰奶或杏仁漿、草精或肉桂粉與鹽巴混合攪拌均勻。加入奇亞籽混合拌勻。

將冷凍莓果和奇亞籽與椰奶的混合物各分成 3 等份，交錯層疊加入玻璃杯中，最低層由冷凍莓果開始。最上層以碎堅果和種籽和少許檸檬皮屑裝飾之。蓋上杯蓋，放入冷藏靜置隔夜，最長可保存 3 天。

❸ 可直接從冷藏取出食用，或放置室溫回溫後食用。

莓果與烘培堅果佐鮮奶油

不論是你最喜愛的莓果和堅果，或是市場正在販售的時令莓果和堅果，都非常適合用這種方式料理。當作早餐也好，當作甜點也好，這道食譜提供了健康的纖維質，脂質和蛋白質。以楓糖漿提味，更可展現精緻風味。

4 人份

材料

冷凍綜合莓果	450 公克
生綜合堅果	450 公克
迷迭香	2 株
奶油	2 大匙
辣椒粉（可省略）	0.5 小匙
楓糖漿（可省略）	1 大匙
粗鹽	少許

18％或 35％的鮮奶油
（也可使用希臘式優格）250 毫升

作法

❶ 依份量備齊材料。將莓果洗淨後在乾淨的布或紙巾上鋪平靜置幾分鐘，吸乾水分，置入中型淺碟中。堅果切粗碎粒，迷迭香切成細末。烤箱預熱至 180 度。

❷ 在大平底鍋中，以中火將奶油融化。加入辣椒粉和楓糖漿（可省略）。充分攪拌使堅果完整包覆糖衣後，再烘烤 2～3 分鐘。將堅果移到未抹油的烘培紙上，灑上鹽和迷迭香，放進烤箱烘烤 10～15 分鐘，或是堅果局部呈現深褐色、香氣四溢為止。待冷卻並且變得酥脆之後，便可使用。

❸ 盛盤時，先將全部的莓果分成 4 等份。在每一分莓果上加上鮮奶油或優格，最後再放上烘烤過後的堅果碎粒。如果選用的是 35％的鮮奶油，可將之打發，但不要加糖。

簡易家常烘蛋

想吃蛋的話，烘蛋是十分簡易又經典的一種作法。想要做點變化，也非常簡單，只要將裡面的內餡改成不同的口味即可。我個人很喜歡用起司當作內餡，將它包覆在剛剛好的溫度中，融化的程度也剛剛好。

4 人份

材料

雞蛋	8 顆
橄欖油（煎煮內餡用）*	適量
奶油	8 大匙
胡椒和鹽	適量
冷凍莓果	500 毫升
碎堅果和種籽	60 毫升
檸檬皮屑（裝飾用）	少許

* 每人份應備 80 毫升烘蛋內餡。

作法

❶ 依份量備齊材料。將雞蛋與 60 毫升的水、鹽和胡椒充分攪拌。依需要煎煮烘蛋內餡的材料。

❷ 以中大火，將 2 小匙的奶油放在小型的平底不沾鍋內，以中大火融化。倒進蛋液 ¼ 的量，直到鍋底被完全覆蓋為止。用木製的鍋鏟，將平底鍋邊緣未煮熟的蛋液推到鍋子的中間繼續煎煮，直到蛋包的周圍已凝固，但蛋包的中心依然是流質。

❸ 將預備好的餡料撒在蛋包的中央。利用鍋鏟或是刮刀，將蛋包的 ⅓ 向中心對折。盛盤時，讓蛋包自然滑出平底鍋，並且順勢讓另外的 ⅓ 也對折。

❹ 以上步驟重複 3 遍後，即可完成 4 個蛋包。建議要趁熱吃。

附註：常見的蛋包內餡包括乳酪、煮熟的肉或是海鮮、或是煎炒過的蔬菜。冰箱裡的剩菜其實也很適合喔。以下推薦一些組合：

• 布利乳酪（briecheese）和火腿：將乳酪和火腿切成小丁。
• 巧達乳酪（cheddarcheese）和紅蔥：乳酪切小丁，2 顆小紅蔥或 1 顆大紅蔥用橄欖油稍微煎煮。
• 莫札瑞拉乳酪（mozzarellacheese）和芝麻葉：乳酪切小丁，芝麻葉略為撕成大片。

椰子煎餅

椰子粉的纖維比小麥麵粉高出許多，有助控制血糖，幫助消化。加上鮮奶油和莓果的椰子煎餅格外美味，而與各種食材都非常百搭的培根，也不例外。

4 人份

材料

椰子油或奶油
（另備少許煎煮用） 2 大匙

雞蛋 6 顆

椰奶或牛奶 250 毫升

香草精 1 小匙

椰子粉（非椰子絲）125 毫升

小蘇打粉 1 小匙

鹽巴 適量

作法

❶ 依份量備齊材料。將椰子油（或奶油）融化後靜置回復室溫。將雞蛋充分打散。

❷ 在大碗中加入融化的椰子油（或奶油）、椰奶或是牛奶，並與香草精和蛋液充分混合。將椰子粉和小蘇打粉過篩加入。加入少許鹽巴。此時若麵糊過於濃稠，可適度加入椰奶或是牛奶，每次加 1 大匙。

❸ 將平底鍋或是煎鍋以中大火加熱，直到灑入水滴時，會結成水珠在鍋底滾動。加入 1 小匙的椰子油（或奶油）。用大湯勺將麵糊舀進鍋子裡，每塊麵糊的直徑大約 7.5cm 左右，以免太大翻面時容易破損。

❹ 小心注意煎餅，大約 2 ～ 3 分鐘後便會呈現金黃色並且散發迷人香氣。此時便可翻面再煎 2 分鐘。

❺ 起鍋後宜趁熱食用，建議搭配鮮奶油和莓果更美味。

荷包蛋與辣味菠菜佐藜麥

這道菜很適合喜歡把早餐當作晚餐吃的人：味道濃郁辛辣，風味十足。
雞蛋和藜麥提供豐富的蛋白質能量，讓你精力充沛！建議搭配哈里薩
辣醬（harrisa）或其他個人喜愛的辣醬。

4 人份

材料

藜麥	25 毫升
奶油	2 大匙
橄欖油	2 大匙
雞蛋	4 顆
菠菜	225 公克
哈里薩辣醬	1 大匙
胡椒和鹽	適量

作法

❶ 依份量備齊材料。

❷ 取一小鍋，將 250 毫升的水加入少許鹽巴後煮滾。加入藜麥後蓋上鍋蓋，轉至小火煮 15 ～ 20 分鐘，或藜麥出現「小尾巴」即表示熟透。關火後將藜麥用細網瀝乾。靜置一旁晾乾，勿加蓋。

❸ 取兩只厚底鍋，以中火加熱。在每一鍋中內融化 1 大匙的奶油和 1 大匙的橄欖油。

❹ 將其中一鍋轉至小火，打入雞蛋後以慢火加熱大約 5 分鐘，直到蛋白不透明、蛋黃仍為流質。

❺ 於此同時，在另外一個鍋子中加入一大把的菠菜。稍微加熱後，便可一把一把地，分批加入剩餘的菠菜。待菠菜略為煮熟後，加入哈里薩辣醬或辣椒粉。最後灑上少許鹽和胡椒。

❻ 盛盤時，將菠菜分成 4 等份裝在碗中，灑上藜麥，鋪上荷包蛋。食用前可將淋上鍋底剩餘的醬汁。

鹹香葛瑞爾乳酪卡士達

這又是一道以雞蛋為主角的料理，不管早午晚餐都適合。濃郁的乳酪搭配青菜和檸檬醋沙拉醬後，中和了油膩，更顯清爽。無論是皺葉萵苣、波士頓萵苣或是奶油萵苣，只要再煎上一點檸檬醋沙拉醬就很完美。

4 人份

材料

葛瑞爾乳酪	55 公克
帕馬森乳酪或佩科里諾乳酪	55 公克
35% 鮮奶油	500 毫升
新鮮的百里香	1 株
蒜頭	1 瓣
雞蛋	3 顆
蛋黃	3 個
乾芥末或辣椒粉	0.5 小匙
胡椒和鹽	適量

作法

❶ 依份量備齊材料。將兩種乳酪都刨絲。將烤箱預熱到 150 度。取 4 個 250 毫升的烤杯，或是一個 1 公升的烤盤，用奶油稍微塗抹，避免沾黏。

❷ 在小鍋中，加入鮮奶油、百里香、和蒜頭，直到開始冒出水蒸氣。關火後靜置，讓香氣可以充分融合。

❸ 取一中型碗，打入雞蛋和蛋黃以及乾燥芥末或是辣椒粉、胡椒和鹽。加入乳酪絲。將鮮奶油過濾後，加入蛋液中。

❹ 將卡士達醬倒進烤杯或是烤盤中，並放置在大型烤盤上。在大烤盤中加入滾水，直到盛裝卡士達醬的烤杯火是烤盤約一半的高度浸泡在水中。應注意，勿將水濺入卡士達醬裡，以保持卡士達的口感絲滑。烘烤時間是 30 ～ 45 分鐘，或中心稍微凝固為止。從烤箱取出後稍微靜置冷卻，若使用 4 個烤杯，冷卻得會快一些。

❺ 盛盤時可將烤杯個別放置在盤子上，或從烤盤中舀出，放在個別的盤子上食用。

炒蛋佐煙燻鮭魚和蒔蘿

儘管有關於炒蛋作法的討論很多，但其實炒蛋的作法很簡單，不用想太多。人生很短暫，我們不要浪費太多時間去計較每一顆雞蛋的大小。炒蛋的搭配性很強，不論是依照個人口味（或是依照冰箱裡現有的食材），都可以做出各種美味的變化。如果今天不想要吃鮭魚蒔蘿，那也可以試試看附註裡面提供的兩種搭配，或是自己發揮創意也可以。如果使用不沾鍋的話，後續會比較容易清理，不過只要奶油加得夠多，即使一般鍋具也不會洗不乾淨。

4 人份

材料

雞蛋	8 顆
煙燻鮭魚	100 公克
新鮮蒔蘿	3 株
奶油	2 大匙
胡椒和鹽	適量

作法

❶ 依份量備齊材料。將雞蛋加入胡椒和鹽打散。將煙燻鮭魚折疊成緞帶的形狀。剪下蒔蘿的細葉，將蒔蘿枝丟棄。

❷ 取一中型的平底鍋，用中小火加熱，將奶油融化。倒進蛋液，用木匙輕輕攪拌，並且將煮熟的蛋塊移開，讓尚未結塊的蛋液能夠在鍋底散開。大約 2 分鐘後，待蛋液稍微凝結成柔軟的蛋塊（此時仍屬於半流質）後關火。

❸ 立刻將煙燻鮭魚和蒔蘿拌入蛋塊中，並靜置大約 1 分鐘，讓雞蛋持續受熱風加凝固。

❹ 趁熱食用。

附註：炒蛋的變化性很大，以下介紹幾種容易上手的組合。

• 羊奶酪佐蝦夷蔥：在第 2 步炒蛋的同時加入剝碎的羊奶酪。在第 3 步捨棄鮭魚，拌入 3～5 株細切的蝦夷蔥以取代蒔蘿。

• 蘑菇佐百里香：在第 2 步，先將 225 公克的蘑菇拌炒 5 分鐘，直到蘑菇出水並且收乾後，再倒入蛋液。在第 3 步捨棄鮭魚，拌入 2 株百里香以取代蒔蘿。

水波蛋佐菠菜與義式火腿

水波蛋要做得恰到好處，其實有點挑戰性。傳統上製作水波蛋的方式是在水裡面加醋來促進蛋白凝固，但這麼做有其風險，因為醋的份量不容易拿捏，只要稍微多一點，會讓整顆蛋變得又硬又難吃！比較安全的方法是利用水流的漩渦，不但成效好也不容易失敗，做起來很有成就感呢！

4 人份

材料

雞蛋	4 顆
蒜頭	2 瓣
橄欖油	2～3 大匙
菠菜	450 公克
義式火腿	225 公克
胡椒和鹽	適量

作法

❶ 依份量備齊材料。將雞蛋打進茶杯或是烤杯中。將大蒜切成薄片。將盤子鋪上紙巾。

❷ 取一只小鍋，加入水並煮滾。關小火，用湯匙畫圓，將鍋子中的水製造出一個漩渦後，輕輕地將 2 顆雞蛋滑進水中。靜候 3 分鐘，確認雞蛋已經達到理想的熟度後，利用可以瀝水的湯匙輕輕撈起，放置在盤子上。完成後，再重複一次，將另外 2 顆蛋也用同樣的方式煮熟。

❸ 取一個大小足以容納全部的菠菜的鍋子，將橄欖油加熱後投入蒜片，稍微爆香，便可以開始一把把分批加入菠菜，待所有菠菜都煮軟後即可關火，加入胡椒和鹽調味，並倒進碗中，記得要保溫。

❹ 在同一只鍋子中，可依需要再補充一點橄欖油，然後快速地將培根煎得酥脆，每一面大約 30 秒鐘。

❺ 擺盤時，先將菠菜在盤子上排成一個花圈的形狀。將水波蛋置於中間，並且以胡椒和鹽調味。最後將義式火腿擺在一旁，即可上菜。

北非番茄蔬菜煮蛋

這道來自於以色列和北非地區的傳統佳餚有著濃稠的辣番茄泥，用來燉煮雞蛋非常合適。它的香氣十足，適合在一天當中的任何時段享用，其中的羊奶酪可讓飽足感延續數小時。

4 人份

材料

黃洋蔥	2 顆
紅椒	2 顆
蒜頭	4 瓣
橄欖油	3 大匙
孜然粉	1 小匙
辣椒	1 小匙
番茄泥	2 大匙
整顆番茄罐頭（含汁液）	
	約 800 毫升
雞蛋	8 顆
香菜（芫荽）	4 株
扁葉巴西利（荷蘭芹）	1 把

作法

❶ 依份量備齊材料。洋蔥薄切、紅椒切塊，大蒜切末。

❷ 取一平底淺鍋，用中火將橄欖油加熱。將洋蔥和紅椒煎煮大約 5 分鐘，或是至軟化為止。加入大蒜，再煮 1 分鐘。以胡椒和鹽調味。加入孜然粉和辣椒，並且加入番茄泥拌開。再煮 2 ～ 3 分鐘，或直到番茄泥開始焦糖化為止。將番茄連同汁液一同加入。再次灑上胡椒和鹽調味。

❸ 不蓋鍋蓋，以小火慢燉（小滾）10 ～ 15 分鐘，收乾湯汁，直到湯汁濃稠到以湯匙按壓會留下印記的程度。

❹ 利用湯匙在濃湯中壓出 4 個凹陷，並在每一個凹陷處中打入一顆雞蛋。（一個比較好操作的方式，是先將雞蛋打進烤杯後，再倒進凹陷處。灑上胡椒和鹽調味。蓋上鍋蓋再煮 3 分鐘，或直到蛋白熟透，而蛋黃的熟度達到喜好的程度為止。

❺ 將香菜和巴西利用手略為撕開並灑上。將羊奶酪捏碎撒在雞蛋以外之處。

❻ 盛盤時，將整鍋濃湯分成 4 等份，每分包含 2 顆雞蛋。

半熟水煮蛋和烤蘆筍

平常不愛吃水煮蛋的人，家裡可能沒有蛋杯，此時可利用這種方式來盛盤：將烤杯或是茶杯底部鋪上一層生米或是粗鹽，再放入雞蛋，這樣便可以保持雞蛋直立。用銳利的刀子切開雞蛋的頂部時，也更方便操作。最後用直立的蘆筍來替代麵包條來裝飾。

4 人份

材料

蘆筍	450 公克
橄欖油	1 大匙
雞蛋	4 顆
胡椒和鹽	適量

作法

❶ 依份量備齊材料。將蘆筍的根部粗硬處折掉丟棄。烤箱預熱至 200 度。

❷ 將蘆筍平鋪成一排在抹油烤盤上，烤盤不用鋪上任何烤焙紙。將橄欖油淋在蘆筍上，並灑上胡椒和鹽調味。烤 15 ～ 18 分鐘，或直到蘆筍部分呈現深咖啡色。

❸ 於此同時，取一中型湯鍋，將水煮至沸騰後關小火，讓水維持在小滾的狀態，將雞蛋輕輕放進水中，煮 5 分鐘後，撈起瀝乾。

❹ 盛盤時，將半熟蛋放進杯中，切除頂部，將烤過的蘆筍排放一旁。食用時，可用蘆筍沾取物溫熱的蛋黃做搭配。蛋白部分則用小湯匙挖出來吃。

不可或缺的
沙拉

芝麻葉果乾核桃沙拉
佐培根油醋醬

在沙拉中加入培根或是培根碎、義式培根或是肥豬肉丁，這些都是很常見的作法，那麼何不進一步將美味的培根油也加入沙拉醬中呢？加了培根油的沙拉醬，風味提升至另一個層次，一點點的鹹香搭配上沙拉中的堅果和綠葉，非常地提味。

4 人份

材料

沙拉

新鮮無花果（也可使用 8 個加州李果乾或杏桃乾）	4 個
帕瑪森乾酪	80 公克
核桃（整顆或碎粒皆可）	70 公克
培根	3 片
芝麻葉	160 毫升

培根油醋醬

培根油	2 大匙
橄欖油	6 大匙
白酒醋	2 大匙
法式芥末	1 大匙
胡椒和鹽	適量

作法

❶ 依依份量備齊材料。將無花果（或加州李、杏桃果乾）順著長邊切成 4 等份，並用刨刀將帕瑪森乾酪刨成片狀。

❷ 在不加油的平底鍋中，放進核桃，以中小火烘烤 5 分鐘，或直到散發出堅果的香氣。靜置在鍋中冷卻。

❸ 在另一平底鍋中煎培根，盡量煸出所有油分。將培根油瀝出保留。用紙巾將培根按乾，待冷卻後，捏成碎屑。

❹ 調製油醋醬時，取一小碗，將 2 大匙培根油和橄欖油、醋、芥末、胡椒和鹽充分攪打直到乳化。過程中可依需求逐漸添加少量的橄欖油或是醋，每次一茶匙。此時可以嘗嘗看味道，並依個人喜好調整口味。

❺ 製作沙拉時，將芝麻葉倒進一個大碗中，加入油醋醬輕輕混合，但要充分拌勻。將無花果（或是加州李或杏桃果乾）、核桃、培根碎均勻散布於表面後，就不要再攪拌了，否則這些配料會掉到沙拉的底部。完成後盡快食用。

蘆筍含羞草佐香檳油醋醬

這道菜的命名是一語雙關，因為「含羞草」（mimosa）是一種白黃相間的美麗小花，在顏色上的搭配，和這道菜中灑在沙拉上的搗碎水煮蛋是一樣的。而另一方面，「含羞草雞尾酒」（名稱同為 mimosa）也是一款很經典的調酒，時常在早午餐飲用，呼應本道菜當中的香檳橙汁油醋醬（以上的冷知識，提供給你作為美味的精神食糧）。

4 人份

材料	
蘆筍	2 把
蔥	6 枝
大雞蛋	2 顆
香檳醋	1 大匙
橄欖油	125 毫升
新鮮柳橙汁	2 大匙
胡椒和鹽	適量

作法

❶ 依依份量備齊材料。將蘆筍的根部粗硬處折掉丟棄。蔥切成細末。

❷ 取一小湯鍋，將蛋覆蓋在水中，煮滾。關火後浸泡 12 分鐘。

❸ 同時間，取另一小湯鍋，將蘆筍覆蓋在水中，用大火煮滾，並持續用滾水煮 5 分種，鍋子不加蓋。瀝乾後用乾淨的毛巾擦乾。

❹ 將雞蛋瀝乾後剝殼備用。

❺ 取一小碗，將醋和橄欖油與橙汁攪打至均勻。用胡椒和鹽調味。

❻ 盛盤時，將蘆筍擺在大盤子上，淋上香檳油醋醬。取一篩網，將雞蛋透過篩網擠壓，讓雞蛋的碎屑直接掉到蘆筍上。或是用刨刀將雞蛋刨成碎屑後撒在蘆筍上。用胡椒和鹽調味。灑上蔥末後即可上菜。

卡布里沙拉

這道沙拉的關鍵在於以下幾個原料交互映襯：新鮮莫札瑞拉乳酪、熟成度剛好的番茄、羅勒，以及你所能取得品質最佳的橄欖油。亦可自由地參雜一些小番茄、布拉達乳酪。也很適合灑上鹽片或是粗粒的胡椒。另外也可以快速製作一點羅勒風味的沙拉醬，內含大蒜、羅勒、松子橄欖油，淋在乳酪和番茄上，風味更加濃郁。

4 人份

材料

熟成的大番茄	4 顆
新鮮莫札瑞拉乳酪	225 公克
新鮮羅勒	1 把
橄欖油	60 毫升
胡椒和鹽	適量

作法

❶ 依份量備齊材料。番茄去芯、切瓣，放在盤子上，灑上薄鹽，靜置一旁。醬莫札瑞拉乳酪撕成大塊。羅勒一葉一葉摘下，粗略切成大片。

❷ 將盤子微微傾斜，以瀝乾番茄。直接在盤中將番茄擺放成想要的樣子，無須沖水，依序灑上莫札瑞拉乳酪和羅勒。淋上橄欖油。用胡椒和鹽調味後即可上菜。

布拉塔蔬食沙拉
佐萊姆油醋醬

如果你不曾嘗過布拉塔乳酪（burrata）的話，那麼這將會是你改變人生的時刻。布拉塔乾酪是用牛奶或是水牛奶所製成的莫札瑞拉乳酪和鮮奶油。想像一下，外層是口感十足的莫札瑞拉乳酪，內層是滑順濃郁的鮮奶油，再加上薄脆的蔬菜和活力十足的萊姆醬汁，這樣的組合是不是很完美呢？

4 人份

材料

沙拉

蘆筍	1 把
紅色小蘿蔔	12 顆
小黃瓜	1 個
布拉塔乾酪	225 公克

萊姆油醋醬

萊姆	1 顆
橄欖油	5 大匙
白酒醋	1 大匙
胡椒和鹽	適量

作法

❶ 以份量備齊材料。用削皮器將蘆筍削成長薄片。將小蘿蔔和小黃瓜切成薄片，越薄越好。將布拉塔乾酪撕成碎塊。將萊姆磨皮、壓汁。

❷ 製作沙拉時，將蘆筍、小蘿蔔和小黃瓜分成 4 等份。將布拉塔乾酪塞進蔬菜之間。

❸ 調製油醋醬時，取一小碗，將 1 茶匙的萊姆皮屑和 1 大匙萊姆汁與橄欖油和醋徹底攪拌均勻。用胡椒和鹽調味。淋在沙拉上後即可上桌。

雞肉酪梨葛瑞爾乳酪沙拉

這款剁碎的沙拉可以用來宴客，也可以當作便當菜，建議要食用前才
把雞肉煮熟，雖然比較麻煩，但這麼做可以讓雞肉鮮嫩多汁。但即便
不這麼做，滑順的酪梨，有著堅果香氣的葛瑞爾乳酪再外加雞肉的組
合，不管何時都是蛋白質滿滿的活力來源。

4 人份

材料

沙拉

去皮去骨雞胸肉	450 公克
酪梨	1 顆
葡萄或是小番茄	450 公克
葛瑞爾乳酪	100 公克
橄欖油	2 大匙
乾燥的奧勒岡葉	2 小匙
芝麻葉	2 把
胡椒和鹽	適量

醬汁部分

檸檬	1 顆
蒜頭	1 瓣
橄欖油	60 毫升
美乃滋	2 大匙
法式芥末醬	1 小匙

作法

❶ 依依份量備齊材料。將雞肉切成骰子狀。
酪梨切對半，取出酪梨籽，用湯匙挖出果
肉後稍微剁碎。番茄對開。葛瑞爾乳酪刨
絲。檸檬壓汁。蒜頭切末。

❷ 取一厚底平底鍋，用中大火將 2 大匙橄欖
油加熱。加入雞肉並灑上奧勒岡葉、胡椒
和鹽調味。煎煮大約 8 ～ 10 分鐘，過程
中偶爾翻面確認均勻上色。關火後在鍋中
靜置至回復到室溫。

❸ 調製醬汁時，再小碗中加入 1 大匙檸檬汁
和蒜頭、橄欖油、美奶滋和芥末，充分攪
打至均勻。用胡椒和鹽調味。

❹ 製作沙拉時，先將芝麻葉排在盤子上。將
醬汁倒在蔬菜上。將雞肉、酪梨、番茄個
別堆放在芝麻葉上。灑上葛瑞爾乳酪並用
胡椒和鹽調味，即可上桌。

涼拌甘藍佐法式酸奶

甘藍菜和花椰菜、高麗菜嬰、羽衣甘藍同屬十字花科，不但營養豐富纖維質含量又高，其硬脆的質地，非常適合拿來沾這道食譜中的法式酸奶（crèmefraiche）享用。法式酸奶比一般常見的美乃滋更精緻一些，如果找不到法式酸奶，也可以用全脂酸奶代替。

4 人份

材料

紅葉甘藍	225 公克
皺葉甘藍	225 公克
紅蘿蔔	3 個
蔥	1 枝
法式酸奶	125 毫升
橄欖油	2 大匙
蘋果醋	2 大匙
芹菜籽	1 小匙
胡椒和鹽	適量

作法

❶ 依份量備齊材料。用刀子或是食物調理機，將兩種甘藍菜切成細絲。用刨刀將紅蘿蔔刨成細籤。將蔥白切成細末。

❷ 將蔬菜倒進耐酸鹼的碗中均勻混合。

❸ 取一小碗，將法式酸奶和橄欖油、醋和芹菜籽攪打均勻。用胡椒和鹽調味。將醬汁淋在蔬菜上，充分混合，使其均勻沾附醬汁。

❹ 覆蓋保鮮膜，盡可能放入冰箱冰鎮至少 1 小時以後再上桌。

尼斯沙拉

有一些大廚會說正宗的尼斯沙拉是不加馬鈴薯的。如果你是一個堅持傳統的人，或是一個想要減肥的人，這部分的確是可以略過。未成熟的小馬鈴薯比起成熟馬鈴薯澱粉含量較低，但直接用蘿蔔或是菜豆來取代也很合適。

4 人份

材料

沙拉

細長的菜豆	450 公克
小番茄	450 公克
蘿蔔	225 公克
羅勒	1 把
小馬鈴薯	450 公克
雞蛋	4 顆
黑橄欖	150 公克
魚	12 隻
酸豆	2 大匙
油漬鮪魚	450 公克
胡椒和鹽	適量

法式芥末油醋醬

白酒醋	2 大匙
法式芥末	2 大匙
橄欖油	6 大匙
胡椒和鹽	適量

作法

❶ 依份量備齊材料。菜豆去絲、番茄對開、蘿蔔切薄片、羅勒撕大片。

❷ 將馬鈴薯放在小鍋中，用水覆蓋，加入 1 大匙鹽，用大火煮至沸騰 12 ～ 15 分鐘後立刻關火瀝乾。

❸ 將雞蛋放在小鍋中，用冷水覆蓋，加入 1 大匙鹽，用大火煮至沸騰 5 分鐘後立刻關火瀝乾，用冷水中洗並且剝除外殼。

❹ 取一大碗，加入冰水。另取一小鍋，將鹽水煮滾後，加入菜豆燙 4 分鐘後，立刻放入冰水冰鎮後瀝乾。

❺ 製作油醋醬時，在一小碗中將醋和芥末攪打均勻，再慢慢加入橄欖油，攪打至乳化。用胡椒和鹽調味。

❻ 製作沙拉時，將菜豆、番茄、蘿蔔、馬鈴薯、橄欖、 魚、和酸豆平均分配在每一分盤子上。淋上油醋醬。將對開的水煮蛋和鮪魚分配在每一個盤子上。將羅勒葉灑上。上菜時，可另附剩餘的油醋醬。

生菜沙拉與爐烤沙拉

爐烤沙拉可增添蔬菜的風味，和生菜沙拉很搭配，吃起來也很有飽足感。應選擇較硬的蔬菜，烘烤後不會變形者即可，如青豆、防風草、地瓜、白蘿蔔。發揮創意運用香草和香料，讓每份沙拉都獨一無二。

4 人份

材料

簡易油醋醬

檸檬	1 顆
橄欖油	1 大匙
法式芥末醬	1 小匙
胡椒和鹽	適量

作法

❶ 依份量備齊材料。檸檬榨汁。

❷ 取一小碗，將 2 大匙的檸檬汁和橄欖油與芥末充分攪打至均勻。用胡椒和鹽調味。可依個人喜好，增加橄欖油或檸檬汁調整風味。靜置一旁備用。

蘑菇佐茴香

材料

茴香球莖	2 顆
蘑菇	450 公克
百里香	3 枝
橄欖油	2 大匙
簡易油醋醬	1 份
綜合綠葉蔬菜	225 公克
胡椒和鹽	適量

作法

❶ 依份量備齊材料。將茴香球莖開成 4 等份、每塊大約 1 公分厚。將莖、葉去除。將蘑菇洗淨擦乾後對切。將百里香葉從細枝剝下、將細枝丟棄。將烤箱預熱至 260 度。

❷ 取一中型碗，將蘑菇、百里香和橄欖油混合拌勻。用胡椒和鹽調味後、將蘑菇平鋪在烤培紙上，烤 20 分鐘或直到呈現金黃色、質地柔軟為止，中途無須翻動。

❸ 將溫熱的蔬菜淋上簡易油醋醬充分拌勻，靜置至完全冷卻。

❹ 待充分冷卻後，與綠葉蔬菜拌勻，分成 4 等份，即可上桌。

甜菜根與紅蘿蔔

材料

甜菜根	450 公克
紅蘿蔔	450 公克
孜然籽	1 小匙
橄欖油	2 大匙
簡易油醋醬	1 份
綜合綠葉蔬菜	225 公克
胡椒和鹽	適量

作法

❶ 依依份量備齊材料。甜菜根和胡蘿蔔皆去皮切 1 公分厚片。將烤箱預熱至 260 度。

❷ 取一中型碗，將甜菜根、胡蘿蔔、孜然籽和橄欖油混合拌勻。用胡椒和鹽調味後平鋪在烤培紙上，烤 20 分鐘或直到呈現金黃色、質地柔軟為止，中途無須翻動。

❸ 將溫熱的蔬菜淋上簡易油醋醬充分拌勻，靜置至完全冷卻。

❹ 待充分冷卻後，與綠葉蔬菜拌勻，分成 4 等份，即可上桌。

藜麥塔博勒沙拉

一般的塔博勒沙拉（tabbouleh salad，中東的一道涼菜，由麥粒、植物和蔬菜等製成）多以小麥製作。以下的版本以藜麥取代小麥。藜麥屬於種子類而非穀物，營養豐富且提供豐沛的能量。儘管這種作法並不符合中正宗中東口味，但依舊風味十足。蓋上 1、2 片煎過的哈羅米乳酪（halloumi cheese）也很合適。

4 人份

材料

大番茄	2 顆
紅蔥	1 枝
扁葉歐洲芹菜	1 把
新鮮薄荷葉	1 枝
檸檬	1 顆
松子	60 毫升
藜麥	250 毫升
五香粉	2 小匙
橄欖油	80 毫升
研磨黑胡椒和鹽	適量

作法

❶ 依份量備齊材料。番茄切丁。紅蔥切細末。將扁葉歐洲芹菜連枝帶葉切碎，薄荷葉切碎。檸檬榨汁取 3 大匙。

❷ 將松子放進不沾鍋以中火略為烘烤 2 分鐘，或是直到散發堅果香氣為止，注意勿烤焦。關火後，靜置鍋中冷卻。

❸ 將 500 毫升的鹽水用小鍋和大火煮滾後加入藜麥，蓋上鍋蓋，轉小火煮 15～20 分鐘，或直到藜麥長出「小尾巴」為止。關火後將藜麥瀝乾。不加蓋，靜置一旁備用。

❹ 同時間，取一大碗，將番茄紅蔥和檸檬汁充分拌勻，灑上五香粉，拌進歐洲芹菜和薄荷。淋上橄欖油拌勻。以胡椒和鹽調味。

❺ 將藜麥與番茄和歐洲芹菜充分混合。灑上烘烤過的松子，即可上桌。

高麗菜絲
與佩科里諾乾酪佐松子

高麗菜嬰切成細絲後變得口感輕盈且口味淡雅。如果你的刀子夠銳利的話，一刀一刀慢慢地切菜也是十分療癒，但如果你的刀工並非專業等級，那麼就善加利用食物調理機，它會是你最好的朋友。

4 人份

材料

高麗菜嬰	450 公克
佩科里諾乾酪	30 公克
檸檬	1 顆
松子	125 毫升
橄欖油	60 毫升
胡椒和鹽	適量

作法

❶ 依份量備齊材料。將高麗菜嬰發黃、發黑的葉片剝除。利用刨絲器或是食物調理機，將高菜嬰刨成細絲。將佩科里諾乾酪刨成薄片。檸檬榨汁。

❷ 將松子放進不沾鍋以中火略為烘烤2分鐘，或是直到散發堅果香氣為止，注意勿烤焦。關火後，靜置鍋中冷卻。

❸ 取一大碗，將高麗菜嬰、佩科里諾乾酪、3大匙檸檬汁、橄欖油充分拌勻。以胡椒和鹽調味。灑上松子後，即刻上桌。

蔬菜

亞洲蔬菜佐芝麻油與味噌

味噌由發酵的黃豆製成，為這道菜帶來鹹鹹的鮮味。其實只要是深綠色葉菜類都可以這個方法搭配料理。因為醬油已經很鹹了，所以不用再額外加鹽。

4 人份

材料

萊姆	1 顆
蒜頭	1 瓣
青蔥	2 株
芥藍或是白菜	450 公克
日式醬油	2 大匙
味噌醬	1 大匙
芝麻油	1 小匙
花生油	1 大匙

作法

❶ 依份量備齊材料。萊姆磨皮、榨汁，蒜頭切末。蔥綠、蔥白切細條，分開放。芥藍或是白菜除去根部，切成方便入口的大小。

❷ 將萊姆皮、1 大匙萊姆汁、日式醬油、味噌、芝麻油放入小碗中拌勻。

❸ 取一大鍋，以中火加熱花生油，至出現油紋但尚未發煙即可。將蒜頭和蔥白丟入鍋中爆香。加入芥藍或是白菜，拌炒 5 分鐘至軟化。加入味噌芝麻油醬，無須拌炒，煮 2 分鐘。

❹ 盛盤後，灑上蔥綠，趁熱享用。

韭蔥蘑菇佐義大利培根

韭蔥在雞湯中煨煮過後散發出自然的鮮甜，完美平衡蘑菇和培根的鹹味。做這道菜要花一點時間，韭蔥才會燉得軟。這道菜可做為輕食單獨食用，亦可作為雞肉或是魚肉的配菜。

4 人份

材料

義大利培根	100 公克
韭蔥（含蔥綠和蔥白）	2 顆
蘑菇	450 公克
檸檬	1 顆
新鮮的百里香	2 株
橄欖油	1 小匙
雞高湯	175 毫升
胡椒和鹽	適量

作法

❶ 依份量備齊材料。義大利培根（pancetta）切塊。韭蔥去除蔥綠粗糙的部分，充分沖洗乾淨後，切成大塊。將蘑菇去除邊緣後沖洗乾淨並且開成 4 等份。檸檬磨皮。摘下百里香葉，將樹枝丟棄。

❷ 取一大平底鍋，中火加熱橄欖油後煸煮培根，至到邊緣成金黃色且釋放出油脂，大約 5 分鐘。加入韭蔥，繼續拌炒，大約 7 分鐘，或直到軟化。將韭蔥和培根起鍋盛盤，靜置一旁。

❸ 利用鍋內剩餘的油脂，投入蘑菇，以中火拌炒直到出水並且呈現金黃色澤約 5 分鐘。拌入百里香葉和 1 大匙檸檬皮。大方地以胡椒和鹽調味。

❹ 培根和韭蔥回鍋，加入雞高湯，加熱至湯滾。轉小火，不加蓋，燉煮約 20 分鐘，或直到湯汁開始收乾。以胡椒和鹽調味。

❺ 分成 4 等份後，趁熱上菜。

奶油高麗菜佐法式芥末蒜味醬

這道菜中的高麗菜嬰要切得非常細，才能達到最佳效果。這需要耐心和高超的刀工，但花心思是值得的。也可以使用食物調理機代勞，但是不要用最細的刀片，否則會切得太碎。也可以用皺葉甘藍取代高麗菜嬰。

4 人份

材料

蒜瓣	1 個
青蔥	1 顆
扁葉荷蘭芹	6 株
高麗菜嬰	450 公克
奶油（室溫回軟）	60 毫升
法式芥末	2 大匙
胡椒和鹽	適量

作法

❶ 依份量備齊材料。蒜頭和青蔥切細末。高麗菜嬰去除根部後用手切或是食物調理機，切成細絲。將荷蘭芹葉摘下，稍微切碎。

❷ 取一小碗，放入奶油和蒜頭青蔥和芥末混合。以胡椒和鹽調味。將碗蓋上，放置冰箱冷藏至少 1 小時以上。

❸ 取一大平底鍋，用中大火加熱，將一半的加味奶油融化。將高麗菜絲一把一把逐漸投入鍋中，待受熱縮小後，再加入下一把，注意不要讓鍋子滿出來了。煎煮大約 5 ～ 7 分鐘，或直到呈現金黃色為止。將另外一半的加味奶油加入鍋中，融化拌勻即可。依個人喜好加入胡椒和鹽調味。

❹ 將高麗菜絲盛盤，灑上荷蘭芹，即可上菜。

甜菜根和甜菜葉

這是一道令人愉快的料理，因為完整使用食材的全部，沒有浪費。這道菜的靈感來自於一位多倫多的主廚，傑米·甘迺迪，他的專長在於用含蓄的手法處理食材。甜菜油這天然的甜味，佐以日式醬油的鮮味，達到完美的平衡。

4 人份

材料

甜菜葉	1～2 把
中小型甜菜根	8 顆
蘋果醋	1 大匙
日式醬油	1 小匙
橄欖油	3 大匙
胡椒和鹽	適量

作法

❶ 依照份量備齊材料。將甜菜葉洗淨。將烤箱預熱至 180 度。

❷ 將甜菜根刷洗乾淨，放進大小適中的烤盤，甜菜根之間保持適當的空隙，用錫箔紙覆蓋，烘烤 90 分鐘，或直到柔軟且叉子可刺穿的程度。冷卻後去皮，切成圓片。

❸ 取一小鍋，用大火煮滾鹽水，投入甜菜葉汆燙 5 分鐘。充分瀝乾擠出水分後切段備用。

❹ 取一小碗，混合醋和醬油。將甜菜片擺盤後，淋上醬油和醋的混合醬汁。灑上甜菜葉，淋上橄欖油。用胡椒和鹽調味後，即可上菜。

椰奶燉菜

這道菜溫暖又有飽足感，很適合搭配火腿或是烤雞。薑和蒜的香氣濃郁，佐以椰奶更顯柔和，而萊姆汁又能提味。食譜中的芥藍菜也可以用甘藍菜或是白菜取代。

4 人份

~~~

材料

紅蔥	2 顆
蒜瓣	2 個
薑	2.5cm
芥藍菜	1 把
葡萄籽油	2 大匙
全脂椰奶	400 毫升
萊姆汁	2 小匙
胡椒和鹽	適量

作法

❶ 以份量備齊材料。紅蔥略為切碎，蒜頭切末，薑磨成泥。芥藍菜切條狀。

❷ 取一大平底鍋，用中火加熱葡萄籽油後，投入紅蔥、蒜頭、薑爆香，約 5 分鐘。以胡椒和鹽調味。

❸ 加入椰奶加熱，直到冒出水蒸氣。加入芥藍菜，煮到縮水，且椰奶略為收汁，在芥藍菜表面形成薄膜，大約需 12 分鐘。

❹ 將芥藍菜盛盤，淋上萊姆汁，輕輕拌勻。依個人喜好，以胡椒和鹽調味。趁熱食用。

烤綠花椰菜佐蒜辣油醬

製作本道菜的秘訣在於將每一分材料個別烹煮。將蒜頭和辣椒的風味煮進橄欖油中,至於綠花椰菜則要用大火快速煎過。如此一來,花椰菜可以煎得酥脆,卻不會有燒焦的蒜末混在其中,破壞了口感和風味。

4 人份

材料

綠花椰菜	450 公克
蒜頭	2 瓣
辣椒	2 條
檸檬	1 顆
橄欖油	5 大匙
胡椒和鹽	適量

作法

❶ 依份量備齊材料。將綠花椰菜一朵一朵摘下,保留部分菜梗。蒜頭切薄片。辣椒切細絲。檸檬切瓣。

❷ 取一大碗,注滿冰水。將一鍋鹽水煮至沸騰,加入綠花椰菜,汆燙 3 分鐘。瀝乾後倒入冰水中冰鎮。確定冰透了之後,在乾淨的毛巾上攤開晾乾。

❸ 取一小鍋,將 3 大匙的橄欖油以中小火加熱。投入蒜頭和辣椒,爆香。以胡椒和鹽調味。將火關小,拌炒 3～5 分鐘至到風味成分混合。應小心,勿使蒜頭焦黑。關火後靜置一旁備用。

❹ 將綠花椰菜與 2 大匙橄欖油拌勻後,以胡椒和鹽調味。取一烤盤或平底鍋,勿抹油,僅乾燒熱鍋後,投入一把綠花椰菜炙約 4 分鐘,直到部分焦黑為止,過程中勿攪拌。將炙燒過後的花椰菜靜置一旁,並以同樣步驟分批處理剩餘的花椰菜,注意每次炙燒時鍋內應保持適當空間,勿將花椰菜裝得太多太滿。

❺ 將花椰菜淋上辣椒蒜頭風味的橄欖油拌勻後,以胡椒和鹽調味,分成 4 等份,搭配檸檬瓣,即可上菜。

洋蔥佐愛曼托乳酪湯

在這道菜當中，呈現美麗的金黃色澤的洋蔥，是一個最佳範例：食物只要經過炙燒和焦化，即可釋放出天然的甜味，毋須額外添加糖分。雖然慢燉的過程有些耗時，但只要利用燉鍋或是壓力鍋，便可以輕鬆完成。別忘了在最後上菜前灑上一點現刨的乳酪絲，具有畫龍點睛的效果。

4 人份

材料

黃洋蔥	1 公斤
蒜頭	2 瓣
愛曼托乳酪或葛瑞爾起司	
	100 公克
乳酪	60 毫升
法式芥末醬	1 大匙
白酒或雪莉酒	180 毫升
雞高湯	2 公升
雪莉酒醋	2 小匙
胡椒和鹽	適量

作法

❶ 依份量備齊材料。將洋蔥切薄片（亦可利用食物調理機以節省時間），蒜頭切末、乳酪刨絲。

❷ 取一厚底鑄鐵鍋，或其他厚重、帶蓋的鍋具，以中大火將奶油融化其中。將洋蔥和蒜頭投入拌炒。以胡椒和鹽調味。持續充分拌炒大約 5 分鐘，或直到洋蔥邊緣開始呈現金黃色澤為止。以文火繼續拌炒，不加蓋，大約 45 ～ 60 分鐘，過程中偶爾攪拌。如遇湯汁過乾時，可加入大約 1 大匙的開水，以避免洋蔥燒焦。

❸ 當洋蔥完全呈現深褐色時，即可依序拌入芥末以及白酒或是雪莉酒。調整火候至中大火，烹煮大約 5 分鐘，或至到湯汁收乾為止。加入雞高湯，關至小火慢燉大約 30 分鐘，鍋蓋半掩蓋即可。

❹ 上菜前，先以胡椒和鹽調味，並加入雪莉酒醋。將濃湯舀進 4 個碗中，將乳酪絲分成 4 等份，輕輕按捏成球狀，放置在湯的表面。趁熱食用。

鍋燒小番茄與羅勒

這是一道簡易但又色香味俱全的菜餚。因為羅勒是在番茄起鍋後才灑上，僅僅利用番茄的餘溫加熱，因此不會影響它原本翠綠的色澤和獨有的氣味。這道菜也可以攪拌成泥後當作沾醬使用。搭配烤雞尤其合適。

4 人份

材料

小番茄	450 公克
蒜頭	1 瓣
羅勒葉	1 把
奶油	1 大匙
橄欖油	1 大匙
胡椒和鹽	適量

作法

❶ 依照份量備齊材料。番茄對切，蒜頭切末。羅勒堆疊後切細絲。

❷ 在厚底平底鍋中以中火將奶油融化並加熱橄欖油，直到起泡為止。加入番茄和蒜頭、並以胡椒和鹽調味。攪拌 30 秒，關小火，不加蓋煮 15 ～ 20 分鐘，直到番茄出水且略為焦化。

❸ 將番茄倒進碗中，灑上羅勒絲，淋上鍋內的醬汁即可上菜。

法式清炒什錦蔬菜

傳統的法式炒蔬菜不一定會有櫛瓜這個材料，但名廚朱莉亞 · 柴爾德（Julia Child）在其經典食譜《法式料理的藝術》中為許多傳統菜色賦予了新的樣貌。

相對地，在這道源自與普羅旺斯傳統菜餚中，洋蔥、蒜頭和甜椒，以及大量的橄欖油，則是不可或缺的元素。

4 人份

材料

黃洋蔥	2 顆
蒜頭	2 瓣
櫛瓜	450 克
紅甜椒	2 顆
黃甜椒	1 顆
新鮮羅勒	4 枝
橄欖油	3 大匙
胡椒和鹽	適量

作法

❶ 依份量備齊材料。洋蔥切絲、蒜頭切末。櫛瓜去頭尾、切段，約 1 公分寬。甜椒去籽，切段，約 1 公分寬。羅勒堆疊後切細絲。

❷ 將一大匙橄欖油放進大型平底鍋以中火加熱。投入洋蔥絲，拌炒至半透明且呈現金黃色，大約 12 ～ 15 分鐘。以胡椒和鹽調味。

❸ 加入剩餘 2 大匙的橄欖油和蒜頭末，加入櫛瓜和甜椒拌炒。以胡椒和鹽調味。繼續烹煮 12 ～ 15 分鐘，原則上勿攪拌，讓什錦蔬菜慢慢煮熟，但應注意勿燒。煮到湯汁收乾再起鍋。

❹ 將什錦蔬菜盛盤並且灑上羅勒，亦可依個人喜好再淋上一匙橄欖油。可趁熱吃，亦可冷卻後食用。

蒜香辣味油菜花

略帶苦味口感豐富的油菜花與地中海料理的風味十分搭配。有時加入幾隻橄欖油漬的鯷魚或是橄欖（非罐裝）與蒜頭和辣椒，也十分提味。油菜花富含水溶性纖維，有助於延緩消化的速度，並維持血液中胰島素的平衡。如果找不到油菜花，也可以用花椰菜替代。這道菜無論是作為主菜或是配菜，都相當合適。

4 人份

材料

油菜花	450 克
蒜頭	2 瓣
橄欖油	60 毫升
乾燥辣椒粉	適量
檸檬	0.5 顆
胡椒和鹽	適量

作法

❶ 依照份量備齊材料。將油菜花的根部去除後，稍微切碎。蒜頭切末。

❷ 取一大鍋，用大火將鹽水煮沸。將油菜花投入，汆燙 2～4 分鐘，直到顏色改變。瀝乾後再乾淨的毛巾上攤平擦乾，靜置一旁備用。

❸ 取一大型厚重的平底鍋，以中大火加熱橄欖油，至到出現油紋，但尚未冒煙的程度。加入蒜頭和辣椒粉爆香，拌炒大約 30 秒。加入油菜花並以胡椒和鹽調味。加入 60 毫升白開水後，繼續拌炒，至到湯汁收乾為止，大約 4 分鐘。

❹ 將油菜花盛盤，擠上檸檬汁，以胡椒和鹽以及辣椒粉調味。亦可依個人喜好，淋上橄欖油。可趁熱吃，亦可以冷卻至室溫後食用。

印度式波菜泥

在印度語中，這道菜的菜名「saag paneer」意為「綠色蔬菜佐茅屋起司（cottage cheese）」。Paneer 指的就是跟茅屋起司十分相似的新鮮乳酪。綠色蔬菜佐茅屋起司在印度料理中是常見的配菜，與印度咖哩中常用的香料十分相襯。

4 人份

材料

菠菜	450 克
印度新鮮乳酪	450 克
黃洋蔥	1 顆
蒜頭	2 瓣
薑	5 公分
青辣椒	1 條
檸檬	1 顆
印度酥油	2 大匙
辣椒粉或是墨西哥辣椒粉	1 小匙
薑黃粉	1 小匙
印度綜合香料粉	1 小匙
胡椒和鹽	適量

作法

❶ 依照份量備齊材料。將菠菜洗淨切段，印度式新鮮乳酪切塊，洋蔥切丁。蒜頭、薑、和辣椒切碎。將洋蔥、蒜頭、薑和辣椒放進食物處理機打成泥狀。檸檬切成 4 塊。

❷ 取一大型不沾平底鍋，用中大火將清洗後仍沾有水分的菠菜快速炒過。將菠菜盛盤，待靜置冷卻後，擠出多餘水分。

❸ 取一乾淨的大型平底鍋，開中大火，將印度酥油融化。加入辣椒粉或是墨西哥辣椒粉與薑黃粉爆香大約 1 分鐘。加入印度式新鮮乳酪煎煮大約 2 分鐘，直到邊緣呈金黃色。將印度式新鮮乳酪盛盤，香料留在鍋中。

❹ 開中火，倒入洋蔥泥拌煮 5 ～ 7 分鐘，直到質地柔軟且呈金黃色。加入菠菜。以印度綜合香料粉、胡椒和鹽調味。加入印度式新鮮乳酪，煮到乳酪中心已熱透。

❺ 將菠菜乳酪泥分成 4 碗，搭配檸檬瓣即可上菜。

炙烤薑黃白花椰菜佐中東芝麻醬

白花椰菜經炙烤過後散發出類似堅果的香氣，再淋上芝麻醬，更是風味十足，無論是作為配菜或是主菜都很合適。如果有人不愛吃蔬菜的，也可以做這道菜讓他嚐嚐看，或許他會改觀喔！

4～8人份（視作為主菜或配菜而訂）

材料

白花椰菜

白花椰菜	2 朵
胡荽葉	3 枝
薄荷葉	2 枝
橄欖油	180 毫升
孜然籽	1 大匙
薑黃粉	2 大匙
鹽和胡椒	適量

中東芝麻醬

蒜頭	2 瓣
鹽	2～3 小匙
中東芝麻醬	125 毫升
檸檬汁	80 毫升
橄欖油	60 毫升

作法

❶ 依份量備齊材料。將白花椰菜用手剝成小朵，平鋪在未抹油的烘焙紙上。胡荽葉與薄荷略為切碎。烤箱預熱至 220 度。

❷ 將橄欖油倒進小碗中，加入孜然籽與薑黃，用胡椒和鹽調味。將調配好的油醬用湯匙淋在白花椰菜上，稍微拌勻，確認醬汁平均沾附在花椰菜上。烘烤大約 45 分鐘，過程中不時檢視避免烤焦。視個人喜好，中途可將白花椰菜翻面，但若不翻面，只烘烤一面亦可。

❸ 用研磨缽將蒜瓣搗成泥，或用刀背拍碎亦可。一小匙一小匙逐步加入鹽，使其充分混合在蒜泥中。將蒜泥與中東芝麻醬、檸檬汁與 60 毫升的白開水、橄欖油混合，靜置一旁備用。

❹ 將烤好的白花椰菜與切碎的香草拌勻即可上菜，一旁搭配中東芝麻醬。

泰式蔬菜咖哩

正紀的泰式料理中其實很少用到甜玉米粒，這道食譜算是創舉，用玉米的鮮甜和口感對比肥美的鷹嘴豆和蘑菇。說這道是為網路時代全球化地球村的產物，一點也不為過呢。

4 人份

材料

黃洋蔥	1 顆
蒜頭	2 瓣
蘑菇	225 公克
薑	2.5 公分
泰國紅辣椒	1 條
萊姆	1 顆
羽衣甘藍	1 大把
羅勒	1 大把
橄欖油	1 大匙
玉米粒（新鮮或冷凍皆可）	
	250 毫升
鷹嘴豆	540 毫升
全脂椰奶	400 毫升
檸檬草	2 枝
綠咖哩醬	1 大匙
醬油	2 大匙
魚露	1 大匙
胡椒和鹽	適量

作法

❶ 依份量備齊材料。洋蔥切細丁。蒜頭切末。蘑菇對開。薑磨泥。辣椒切細絲。萊姆榨汁。羽衣甘藍去莖、切段。羅勒葉摘下後切碎。

❷ 取一厚底平底鍋，以中火加熱橄欖油，投入洋蔥和蒜頭爆香。拌炒約 5 分鐘，直到洋蔥開始上色。加入蘑菇、薑、辣椒、2 大匙萊姆汁、羽衣甘藍、玉米粒、鷹嘴豆、椰汁、檸檬草和咖哩醬。將整鍋醬汁煮到沸騰後，關小火慢燉25分鐘，期間攪拌1〜2 次。

❸ 關火，將檸檬草取出丟棄。淋上醬油和魚露，試吃後，用胡椒和鹽調味。

❹ 將咖哩倒進一大碗中，或分成 4 人分。趁熱食用，上菜前以羅勒裝飾。

櫛瓜千層麵

在做焗烤時，很多時候其實用哪一種帕瑪森乳酪並不重要，因為比起風味，它帶來的口感才是重點。不過，在這道食譜中卻並非如此，這道櫛瓜做成的千層麵中，每一項材料都是主角，所以乳酪也是能用多好就用多好。

4 人份

~~~~~~

材料

完整番茄	1 罐
黃洋蔥	2 顆
櫛瓜	1 公克
帕瑪森乾酪	100 公克
奶油	5 大匙
橄欖油	3 大匙
辣椒粉	2 小匙
胡椒和鹽	適量

作法

❶ 依照份量備齊材料。番茄切塊，並保留罐頭中的汁液。洋蔥對切。櫛瓜縱向剖開，切成與千層麵相同寬度的薄片。帕瑪森乾酪刨屑。

❷ 取一平底鍋，以中火加熱番茄和洋蔥、奶油、胡椒和鹽，大約 30 ～ 40 分鐘，直到醬汁變得濃稠。

❸ 煮番茄醬的同時，將烤箱預熱至 230 度。將櫛瓜條平鋪在烘焙紙上，淋上橄欖油，灑上辣椒粉，並以胡椒和鹽調味。烤 10 分鐘。

❹ 將櫛瓜取出烤箱，將烤箱溫度降低到 190 度。待櫛瓜冷卻並且出水後，將水分倒掉。

❺ 將 ⅓ 的番茄醬平鋪在 2 公升大的烤盤中，鋪上 ⅓ 的櫛瓜條，灑上 ⅓ 的帕瑪森乾酪。依序在穿插堆疊 2 次，最上層為帕瑪森乾酪。烤 30 分鐘，直到表面起泡且上色。

❻ 從烤箱取出，冷卻 20 分鐘後再切塊，趁著溫熱時食用。

白肉類
雞肉、鴨肉和火雞肉

雞腿佐醃漬檸檬

這道菜當中的雞油可以為整體的菜色帶來絕佳的效果，但前提是必須要有耐心。醃漬檸檬可以中和油膩，新鮮的檸檬汁也很能夠提味。這道菜搭配深綠色的葉菜類尤其美味，例如羽衣甘藍，或是芥藍菜，或是鍋燒小番茄與羅勒。

4 人份

~~~~~~

材料

帶骨去皮雞大腿	8 個
醃漬檸檬	1 個
檸檬	1 個
橄欖油	1 大匙
胡椒和鹽	適量

作法

❶ 依份量備齊材料。將雞腿肉塗滿胡椒和鹽。將醃漬檸檬的皮切成細絲。將新鮮檸檬切成 4 等份。

❷ 取一大型厚底平底鍋，鑄鐵鍋尤佳，以中火將橄欖油加熱至出現光澤。放進雞腿肉，皮向下，煎煮 30 分鐘，期間勿移動或翻面。如果雞肉太焦，可將火關小，除此之外不做其他動作，靜待雞油逼出、雞皮變得酥脆。

❸ 待雞皮煎得酥脆後，即可將雞腿翻面。將醃漬檸檬皮拌入，充分與鍋底的油脂混合。繼續煎煮 12 ～ 15 分鐘，或直到用刀尖刺穿雞肉時，流出清澈的肉汁為止。

❹ 將雞肉盛盤，淋上鍋內的醬汁，搭配檸檬瓣即可上菜。

玫瑰香檳燉雞胸

這道菜好吃也容易做，材料不多，可以預先做好備用，若有剩菜，下一頓搭配沙拉也十分美味。玫瑰香檳做成的醬汁拿來當沙拉醬正好！只要用一點檸檬汁稀釋，或是加一點橄欖油來中和芥末強烈的氣味即可，這就交給主廚來決定嘍。

4 人份

材料

蒜頭	6 瓣
羅勒葉	6 片
橄欖油	60 毫升
玫瑰香檳或仙粉黛葡萄酒（zinfandel）	250 毫升
去骨雞胸肉	900 公克
法式芥末醬	1 大匙
胡椒和鹽	適量

作法

❶ 依照份量備齊材料。蒜頭拍碎，羅勒葉撕碎。

❷ 取一厚底平底鍋，大小正好足以塞得下雞胸肉，以中火將橄欖油加熱。加入蒜頭爆香約 1 分鐘，注意勿燒焦。加入酒，並以胡椒和鹽調味。

❸ 放進雞胸肉並加入足夠的水淹蓋。煮至沸騰後關小火蓋上鍋蓋，細或燉 15 ～ 18 分鐘，至到雞肉中心溫度大約是 71 度。關火後靜置待冷卻。

❹ 冷卻後，將雞肉取出。將醬汁過濾後以中小火加熱，收乾成約 250 毫升的份量。加入芥末攪拌均勻。試吃後，以胡椒和鹽調整風味。

❺ 將雞肉切薄片，盛盤。淋上紅酒芥末醬，灑上羅勒葉，即可上菜。

雞肝佐雪莉酒與鮮奶油

這道優雅的料理因為加了雪莉酒而有著西班牙的風情,如果可以用上以歐洲橡木雪莉桶(Oloroso)所釀造的加強葡萄酒會更完美,但使用一般的料理用雪莉酒就已經非常美味了!

4 人份

材料

雞肝	450 克
黃洋蔥	1 顆
蒜頭	2 瓣
荷蘭芹	2 枝
新鮮百里香	1 枝
橄欖油	2 大匙
雞高湯	60 毫升
低糖分的雪莉酒	2 大匙
法式酸奶油	2 大匙
胡椒和鹽	適量

作法

❶ 依照份量備齊材料。將雞肝清洗乾淨,修剪掉筋膜。洋蔥切細丁。蒜頭切末。荷蘭芹和百里香的葉子摘下後略為切碎。

❷ 取一厚重的平底鍋,以中大火加熱橄欖油至出現光澤。放進雞肝、各表面皆煎煮,大約 5 分鐘。取出雞肝盛盤。鍋內放進洋蔥和大蒜,爆香 6 ～ 8 分鐘,直到軟化但尚未上色。

❸ 加入雞高湯和雪莉酒,將鍋中焦化的醬汁刮起。煮沸後轉小火,將雞肝放回鍋中,紋火燉煮 5 分鐘,此時雞肝中心應呈現淡粉紅色。

❹ 將雞肝再度盤,將法式酸奶加入鍋中攪拌後,淋在雞肝上。用胡椒和鹽調味。上菜前灑上荷蘭芹與百里香。

一鍋料理：地中海風味雞肉與蔬菜

這是只用一只鍋子就可以完成的一道菜，結合了粗獷的風味，和大膽的調味；放下量匙和量杯，不妨大把地、豪邁地加入食材和調味料，如橄欖和培根肉。如果想要增加蔬菜的份量，只要再多加一個烤盤即可。

4 人份

材料

小櫛瓜	2 個
黃洋蔥	1 顆
大蒜	1 整顆
橄欖	225 公克
羅勒	1 把
橄欖油	4 大匙
培根肉	225 克
帶骨帶皮的雞大腿和小腿	各 4 隻
小番茄	450 克
小辣椒	1 個
胡椒和鹽	適量

作法

❶ 依照份量備齊材料。櫛瓜切 1 公分厚圓片，洋蔥切成 8 瓣。蒜頭拆成蒜瓣，拍碎後將皮去除。橄欖去籽。羅勒葉略為切碎。烤箱預熱至 180 度。

❷ 盤子鋪上紙巾。另取一烤盤，大小足以讓所有食材平鋪開來，抹上 2 大匙橄欖油。將培根肉放進烤盤，以中大火烤 10 分鐘。用可以瀝油的湯匙將培根移至先前準備好的盤子上，吸取多餘油分。

❸ 將櫛瓜、洋蔥、蒜頭、橄欖、羅勒、雞肉、番茄和辣椒放進烤盤中，淋上 2 大匙的橄欖油，以胡椒和鹽調味。輕輕拌勻，確定醬汁均勻沾覆食材。輕輕搖晃烤盤，使食材均勻散布平鋪在烤盤上。烤 30 分鐘，過程中毋須移動或翻面。

❹ 將培根肉覆蓋於食材之上，再烤 15 ～ 20 分鐘，或直到用刀尖刺穿雞肉接近骨頭處時，流出清澈的肉汁為止。

❺ 盛盤後，依個人喜好淋上烤盤底的肉汁，即可上菜。

酥脆芝麻雞

如果你喜歡吃炸雞的話，那麼這個特別的版本可以讓你吃到特殊的亞洲風味，包含了柑橘類、薑、醬油和酥脆的芝麻外皮。此外，芝麻還提供了豐富的纖維質。這道菜搭配亞洲蔬菜佐芝麻油與味噌也很合適。

4 人份

材料

材料	份量
去骨去皮雞肉	680 克
薑	2.5 公分
萊姆	1 顆
胡荽葉或扁葉荷蘭芹	6 枝
芝麻粒	125 毫升
葡萄籽油	1 大匙
麻油	1 小匙
奶油	60 毫升
日式醬油	1 大匙
胡椒和鹽	適量

作法

❶ 依照份量備齊材料。雞肉槌打成 2.5 公分的厚度，薑磨泥，萊姆皮刨屑，胡荽葉或扁葉荷蘭芹撕碎。

❷ 將芝麻粒倒進淺碟中。雞肉以胡椒和鹽調味後，將兩面都沾滿芝麻粒，放在烘焙紙上靜置。

❸ 取一大平底鍋，用中火將葡萄籽油和橄欖油加熱。放入雞排，煎 6 分鐘翻面再煎 4 分鐘。如果平底鍋太小一次放不下全部的雞排，就分批煎。過程中，為避免芝麻粒燒焦，可將火關小。將煎好的雞肉盛盤，記得保溫。

❹ 在同一個鍋子中將奶油融化。加入薑泥，拌炒 30 秒。加入 1 大匙萊姆汁和日式醬油，烹煮 1 分鐘使味道混合。

❺ 上菜時，將鍋底的醬汁淋在雞肉上，並灑上萊姆皮和胡荽葉或扁葉荷蘭芹。趁熱食用。

摩洛哥風薑黃杏桃雞

這道菜用的都是傳統摩洛哥料理中常見的食材，例如香氣十足的鮮奶油、薑黃和水果乾。不過為免糖分過高，水果乾的比例有稍微降低一些。雖然這並非道地的摩洛哥作法，但做出來的菜卻一樣美味！

4 人份

材料

帶骨帶皮大雞腿	8 隻
黃洋蔥	1 顆
蒜瓣	2 瓣
薑	2.5 公分
杏桃乾	125 克
醋栗	3 大匙
橄欖油	3 大匙
薑黃粉	0.5 小匙
酸奶油	125 毫升
白開水或雞高湯	125 毫升
胡椒和鹽	適量

作法

❶ 依照份量備齊材料。將大雞腿用紙巾拍乾。洋蔥切丁，蒜頭和薑磨泥，杏桃乾切細絲。用溫水清潔醋栗並瀝乾。

❷ 取一大型厚底帶蓋平底鍋，用中火加熱橄欖油，到尚未冒煙的程度。將雞腿放進鍋中，兩面都煎到金黃色，每一面大約 5 ～ 7 分鐘（如果平底鍋太小一次放不下全部的雞排，就分批煎）。煎好的雞肉盛盤放置一旁備用。

❸ 保留鍋中大約 1 大匙份量的油，將薑黃加進熱油中，爆香 1 分鐘。加入洋蔥拌炒約 5 分鐘，或直到半透明為止。加入蒜頭和薑拌炒 2 分鐘，直到逼出香氣。依序加入酸奶油和白開水或雞高湯，煮至沸騰後關小火慢燉。加入杏桃乾和醋栗，並以胡椒和鹽調味。

❹ 將雞腿放回平底鍋中，以小火燉煮 30 ～ 40 分鐘，過程中不加蓋，用刀尖刺穿雞肉接近骨頭處時，流出清澈的肉汁為止。

❺ 上菜時，裝在碗中用湯匙食用，才能享受到美味的肉汁。

快速菜豆燉鴨肉鍋

儘管這道菜實際上要花好幾個小時，但就燉菜而言算是快的了。正統的燉菜豆鍋通常都要花上好幾個小時浸泡和燉煮菜豆、製作油封鴨，慢火煨燉好幾個小時。以下提供一個簡化後仍不失美味的版本。

4 人份

材料

義式培根	100 克
黃洋蔥	1 克
白豆	796 毫升
蒜瓣	6 瓣
現成油封鴨	4 塊
法式蒜味香腸	450 克
培根	4 片
扁葉荷蘭芹（可省略）4 枝	
橄欖油	5 大匙
新鮮百里香	4 枝
雞高湯	1 公升

作法

❶ 依份量備齊材料。將義式培根切成骰子狀。洋蔥切丁。菜豆瀝乾清洗。蒜頭去皮拍碎。油封鴨撕成適口大小。香腸切成 1 公分厚片。培根切小片。荷蘭芹切細末。烤箱預熱至 180 度。

❷ 取一大平底鍋，將 3 大匙的橄欖油以中火加熱。加入義式培根煎 5～7 分鐘，直到逼出豬油。加入洋蔥拌煮，至到軟化，大約 5 分鐘。加入菜豆、蒜頭、百里香以及雞高湯。煮到沸騰後關小火慢燉，不加蓋，大約 15 分鐘。

❸ 將 2 公升大的烤盤抹上奶油。放入菜豆、油封鴨、香腸、培根、以及平地鍋中的肉汁。放進烤箱烤 45 分鐘，不加蓋，直到肉熟。從烤箱取出，靜置冷卻大約 15 分鐘。

❹ 上菜時，用湯杓將燉肉分成 4 碗，每一碗個別以荷蘭芹裝飾。

茶香燉鴨佐茴香

在這道菜中，清新的綠茶與茴香，和鴨肉具有深度且層次豐富的肉香，呈現強烈的對比。記得一定要多一個步驟，先將鴨肉中的油脂逼出，最後燉出來的湯才會清澈。

4 人份

材料

大鴨腿	4 支
小型黃洋蔥	1 顆
茴香球莖	0.5 顆
薑	2.5 公分
綠茶茶包	4 包
白醋	85 毫升
中式五香粉	2 小匙
胡椒和鹽	適量

作法

❶ 依份量備齊材料。鴨腿抹上胡椒和鹽。洋蔥和茴香切細絲。薑磨泥。將 500 毫升的水煮沸，放入茶包浸泡 10 分鐘。烤箱預熱至 150 度。

❷ 將鴨腿放在烤盤中，以中火加熱大約 5 分鐘，直到逼出油脂。翻面再煎 5 分鐘。將鴨腿盛盤，靜置一旁備用。烤盤中的油脂保留 1 小匙，其餘丟棄。

❸ 將烤盤放回爐火上，加入 80 毫升的白醋，用木匙將烤盤底的油脂刮除。將白醋以小火慢慢加熱，直到收乾至一半的份量，大約 5 分鐘。加入洋蔥、茴香和薑，燉煮 5～7 分鐘，直到洋蔥呈現半透明狀。灑上五香粉、胡椒和鹽。

❹ 將鴨肉放回鍋中，到近綠茶，深度淹到鴨腿的一半。放進烤箱，不加蓋，烤 1 小時 15 分鐘，直到肉質完全軟化。

❺ 將鴨腿取出，成盤，用鋁箔紙覆蓋。將烤盤內的肉汁，去除表面浮油，連同烤盤放回爐火上，以中小火加熱直到肉汁收乾 0.5 且變得濃稠，大約 8 分鐘。加入 1 小匙的白醋。

❻ 上菜時，將醬汁淋在鴨腿上。

火雞肉咖哩

火雞和咖哩的組合雖然很少見，卻是天作之合！這道很簡單的料理，只要一個鍋子就可以完成，使用的材料有熟雞肉、白花椰菜及番茄。想要進一步提升風味的話，還可以依照個人喜好加入自己喜歡的咖哩醬。

4 人份

材料

黃洋蔥	1 顆
蒜頭	1 瓣
紅甜椒	1 顆
白花椰菜	0.5 顆
熟火雞肉	450 克
椰子油	1 大匙
咖哩醬	2～3 大匙
番茄丁	約 430 毫升
胡椒和鹽	適量

作法

❶ 依照份量備齊材料。將洋蔥切丁、蒜頭切碎。甜椒取籽、切塊。白花椰菜剝成小朵。火雞肉切成骰子狀。

❷ 取一中型帶蓋平底鍋，將椰子油以中大火加熱。加入洋蔥、蒜頭、甜椒和白花椰菜，煎煮 5 分鐘左右，直到食材稍微軟化且略微呈現金黃色。加入火雞肉和咖哩拌炒大約 1 分鐘，使香氣充分融合。

❸ 將整罐番茄連同汁液加入鍋中，有需要亦可加入適量的白開水，使湯汁淹沒食材。半蓋鍋蓋，讓湯汁小滾約 8～10 分鐘，直到白花椰菜略為軟化。

❹ 適合裝在湯碗中食用。

火雞絞肉燉蕓豆

如果聽到火雞肉燉豆子這樣的菜色，會讓你覺得用清淡的火雞肉取代香濃且脂肪肥美的豬肉和牛肉，可能使料理變得平淡無味，那麼這道菜會讓你改觀。捨棄常見的絞肉而改用火雞肉入菜，我認為反而是比原本的作法更加美味。地瓜的澱粉含量稍高，但維他命和纖維質含量豐富。

4 人份

材料

地瓜（可省略）	2 個
黃洋蔥	1 個
蒜瓣	2 瓣
紅色或白色蕓豆	約 400 毫升
胡荽葉	1 把
橄欖油	2 ～ 4 大匙
籽然粉	1 小匙
煙燻紅甜椒粉	1 小匙
辣椒粉	1 小匙
火雞絞肉	450 克
整顆番茄罐頭	約 800 毫升
全脂酸奶	125 毫升
萊姆	切瓣
胡椒和鹽	適量

作法

❶ 依照份量備齊材料。將地瓜去皮切塊。將洋蔥切塊，蒜頭切末。蕓豆洗淨瀝乾。將胡荽葉的莖和葉切碎。如果有用地瓜的話，將烤箱預熱至 220 度，並切將烤盤鋪上烘焙紙。

❷ 取一大碗，將地瓜與 2 大匙橄欖油以及胡椒和鹽拌勻。在烘焙紙上平鋪開來，烤 20 ～ 25 分鐘，或直到用叉子可輕鬆刺穿。從烤箱取出靜置一旁備用。

❸ 取一厚底燉鍋，用中火將剩餘 2 大匙橄欖油加熱，並加入洋蔥、蒜頭、孜然粉、紅甜椒粉、辣椒粉、胡椒和鹽。一邊加熱一邊攪拌，直到洋蔥軟化，但尚未著色，大約 8 ～ 10 分鐘。

❹ 加入火雞絞肉，用木匙攪散避免結塊，煮 15 ～ 20 分鐘，直到火雞肉呈現金黃色。加入蕓豆和番茄，將番茄罐頭中浸泡番茄的湯汁一併加入。小火慢燉大約 15 分鐘，用木匙將番茄攪散。加入烤好的地瓜，再燉 5 分鐘。試吃鹹淡後，以胡椒和鹽調味。

❺ 上菜時，用湯杓將肉醬舀進碗中，表面加上一湯匙的酸奶，灑上切碎的荷蘭芹作為裝飾。一旁附上萊姆瓣。

魚貝海鮮

鱈魚芒果酪梨沙拉

這是色香味俱全的一道菜。肉質肥美風味柔和的鱈魚搭配上香甜的芒果和滑順的酪梨,再淋上提味的醬汁,每一口都讓味蕾甦醒過來。食材一定要新鮮、現做,才能充分展現個別的風味和口感。如果想要再升級成為更豪華的沙拉,可以將鱈魚以大比目魚替代。

4 人份

材料

大芒果	1 個
酪梨	2 個
紫高麗菜	0.5 個
胡荽葉	6 枝
青蔥	1 顆
墨西哥辣椒	1 個
萊姆	1 顆
橄欖油	5 大匙
奶油	2 大匙
鱈魚排	900 克
孜然粉	適量
胡椒和鹽	適量

作法

❶ 依照份量備齊材料。芒果和酪梨去皮切丁。將高麗菜用刀切或是用刨刀刨成細絲,勿使用食物調理機,以免太細。將胡荽葉的莖和葉切碎。將蔥綠、蔥白都切末。墨西哥辣椒去籽、切末。萊姆皮磨屑,擠汁。烤箱預熱 220 度。

❷ 取一大型烤盤,放在爐火上以中大火加熱 3 大匙的橄欖油和全部的奶油。鱈魚以胡椒和鹽調味後,放入鍋中,每塊魚排之間保留適當空隙。煎 3 分鐘,翻面後,將烤盤放進烤箱中烤 5 分鐘。

❸ 烤鱈魚的同時,將芒果、酪梨、高麗菜、胡荽葉、青蔥、墨西哥辣椒、萊姆皮、萊姆汁、少許的孜然粉和 2 大匙橄欖油放入碗中攪拌均勻,並且用胡椒和鹽調味。

❹ 將烤好的鱈魚放在各別的盤子上,一旁搭配適量的沙拉,即可上菜。

鱈魚裹胡桃醬佐風乾番茄

將有著強烈香氣的沾料包覆在肉質肥美的鱈魚上,更加襯托出魚肉的鮮甜美味。這種作法也可以取代傳統的炸魚柳條,省去了麵衣,所以更健康。食譜中的胡桃有著天然香甜濃郁的風味,也可以依照個人喜好,用腰果或是核桃取代之。

4 人份

材料

帕馬森乾酪	55 克
蒜頭	2 瓣
新鮮羅勒葉	10 枝
檸檬	1 顆
帶皮鱈魚排	900 克
橄欖油	2 大匙
油漬鯷魚	10 隻
油漬風乾番茄	125 毫升
胡桃碎粒	95 克
紅甜椒	1 個
胡椒和鹽	適量

作法

❶ 依照份量備齊材料。將帕瑪森乾酪切碎。將蒜頭切碎。將羅勒葉摘下。檸檬皮磨屑,檸檬榨汁。烤箱預熱至 260 度。

❷ 取一大小適中的烤盤,可讓魚排平鋪開來並且保留適當空隙,將魚皮朝下放進烤盤。淋上 1 大匙橄欖油,並用胡椒和鹽調味。烤大約 5～7 分鐘,至到魚肉稍為呈現片狀分離。依照魚排的厚度調整烘烤時間。

❸ 同時間,將帕瑪森乾酪、蒜頭、羅勒、檸檬皮屑、鯷魚、風乾番茄、胡桃和甜椒放進食物調理機。將食材攪碎拌勻後,加入 1 大匙檸檬汁和 1 大匙橄欖油。以胡椒和鹽調味。繼續攪拌成泥狀。

❹ 將鱈魚從烤箱取出,將胡桃醬均勻厚敷在魚排的每一面,輕輕按壓以確保胡桃泥不要掉落。放進烤箱覆烤 5～7 分鐘,或至到外層的胡桃醬呈現金黃色。

❺ 個別盛盤後即可上菜。

紐澳良香料烤鮭魚

鮭魚這種優良的食材有著高營養價值的脂肪、鮮豔的色澤、可塑性也高。唯獨應注意切勿過度烹調！鮭魚天然的鮮甜與紐奧良香料的十分搭配，這道菜建議可以和蔬菜與藜麥一起享用。

4人份

材料

奶油	2 大匙
煙燻紅辣椒粉	2 大匙
辣椒粉	1 大匙
洋蔥粉	1 大匙
乾燥百里香葉	1 小匙
乾燥牛至葉	1 小匙
乾燥羅勒葉	1 小匙
鮭魚排	700 克
胡椒和鹽	適量

作法

❶ 以照份量備齊材料。將奶油融化後冷卻。烤箱預熱至 230 度。取一大小適中的烤盤，可讓魚排平鋪開來並且保留適當空隙。將烤盤底刷上薄薄一層融化的奶油。

❷ 取一小碗，放進紅辣椒粉、卡晏辣椒粉、洋蔥粉、百里香葉、牛至葉和羅勒葉，攪拌均勻。

❸ 將鮭魚放進烤盤中，刷上剩餘的奶油，並以胡椒和鹽調味。將已調製好的綜合香料均勻覆蓋在魚排上。烤 10 ～ 12 分鐘，直到香料呈現淡金黃色，而鮭魚排的中心仍然是深粉紅色。

❹ 個別盛盤後即可上菜。

牛奶燉鮭魚佐義式檸檬香草醬汁

用牛奶燉肉是很少見的作法，卻很美味，同樣的作法也可以用來烹調其他的魚類或是雞胸肉。牛奶有時也用來燉煮豬肩。這是因為牛奶中的乳酸可以幫助軟化肉質，創造出滑順的口感和帶有堅果香氣的風味。

4 人份

~~~~~~

材料

新鮮鮭魚排	900 克
蒜頭	1 瓣
檸檬	1 顆
扁葉荷蘭芹	0.5 把
低脂牛奶	500 ～ 750 毫升
月桂葉	1 片
橄欖油	1 大匙
胡椒和鹽	適量

作法

❶ 依照份量備齊材料。將每塊魚排切成 4 等份，並以胡椒和鹽調味。將蒜頭磨成泥、檸檬皮磨屑。荷蘭芹切細末。

❷ 將牛奶倒進大型平底鍋，深度大約 2.5 公分。加入月桂葉，加熱，至到牛奶開始冒出水蒸氣，但尚未沸騰。放進鮭魚，此時牛奶的深度應該淹到鮭魚一半以上的高度。如果深度不夠的話，可以再加入一些溫熱的牛奶。將火關小，用小火繼續煨煮 15 分鐘。

❸ 在燉煮鮭魚的同時，將蒜頭、檸檬皮、荷蘭芹、橄欖油放進小碗中攪拌均勻，製作成義式檸檬香草醬（gremolata）。靜置一旁備用。

❹ 個別盛盤後，將義式檸檬香草醬抹在魚排上，即可上菜。

白酒燉鮭魚佐萊姆時蘿醬

燉鮭魚的另一種作法，是用白酒。此外，提供一個實用的小祕訣：在美乃滋醬當中調進檸檬和香草，吃起來很精緻，但其實很簡單。時蘿和鮭魚是經典的搭配法，但在這道食譜中，也可以任意替換成其他的魚和其他的香草。特別推薦羅勒。

4 人份

材料

萊姆	1 顆
蝦夷蔥	1 小把
時蘿	2 枝
紅蔥	1 顆
白酒	125 毫升
月桂葉	1 片
新鮮鮭魚排（大約 700 克）	
	4 片
美奶滋	125 毫升
法式芥末醬	1 大匙
胡椒和鹽	適量

作法

❶ 依照份量備齊材料。萊姆皮磨屑，擠汁。蝦夷蔥、時蘿、紅蔥切細末。

❷ 取一寬幅深型平底鍋，放進 750 毫升白開水、白酒、紅蔥、月桂葉、1 小匙鹽巴，沸騰大約 5 分鐘使湯汁略為收乾，靜置一旁備用。

❸ 小心將鮭魚放進鍋中，蓋上鍋蓋，讓鮭魚在慢慢冷卻的湯汁中逐漸燙熟。大約 15 分鐘後，可以檢視鮭魚的中心，應呈現深粉色。如果還不夠熟，可以再浸泡 5 分鐘。

❹ 將煮熟的鮭魚盛盤，以紙巾拍乾（如果沒有要馬上食用，覆蓋後可在冰箱保存 3 天左右）。

❺ 取一小碗，放進美乃滋、萊姆皮屑、萊姆汁、蝦夷蔥、時蘿、和芥末。以胡椒和鹽調味。

❻ 讓鮭魚以室溫上菜。將每塊魚排個別盛盤，一旁搭配上 1 湯匙的萊姆時蘿美乃滋。

干貝義式火腿

用這道菜招待客人也非常合適。帶著蒜味的鹹香和一點點的辣，層次豐富，準備起來卻很容易，一定能夠讓客人驚豔。搭配蒜香辣味油菜花也非常合適。

4 人份

材料

小番茄	900 克
蒜頭	1 瓣
乾燥紅辣椒	2 顆
鯷魚	6 隻
皇帝豆罐頭	540 毫升
檸檬	1 顆
橄欖油	4 大匙
義式火腿	8 片
干貝	16 顆
胡椒和鹽	適量

作法

❶ 依照份量備齊材料。番茄對切、蒜頭切末。乾燥紅辣椒捏碎。用叉子將鯷魚搗碎。皇帝豆清洗乾淨並切瀝乾。檸檬擠汁。烤箱預熱至 245 度。

❷ 將番茄平鋪在烤盤上，淋上 1 大匙橄欖油，灑上胡椒和鹽，烤 10 分鐘。將番茄移到烤盤的一側，在讓出的空間平鋪上義式火腿。覆烤 10 分鐘。靜置一旁備用。

❸ 取一平底鍋，以中大火將 1 大匙的橄欖油加熱。放入蒜頭、辣椒、鯷魚，小火煎 1 分鐘，再加入皇帝豆以及 125 毫升白開水。待皇帝豆熱透了以後，便可用叉子壓碎。關火後淋上 1 大匙橄欖油，灑上胡椒和鹽。靜置一旁備用。

❹ 另取一平底鍋，加熱 1 大匙橄欖油。干貝灑上鹽和胡椒，放進鍋中，煎 2 分鐘，勿翻面，直到呈現金黃色。翻面再煎 2 分鐘。

❺ 擺盤時，將番茄、2 片義式火腿和皇帝豆個別擺在每一人分的盤子上。每一盤再擺上 4 個干貝。淋上檸檬汁、橄欖油，並灑上胡椒和鹽，即可上菜。

鮭魚餅佐法式奶油白醬

這道菜的驚艷之處在於法式奶油白醬的搭配，讓平淡無奇的鮭魚餅立刻提升為精緻佳餚。法式奶油白醬類似荷蘭醬，但是不加蛋，所以也不那麼濃稠。一旦學會製作這款應用性廣泛的醬汁，便可搭配各種食材，可為您的料理增加更多變化。

4 人份

材料

鮭魚餅

紅甜椒	1 顆
青蔥	2 株
扁葉荷蘭芹	0.5 把
雞蛋	2 顆
鮭魚罐頭	約 200 克
杏仁粉	250 毫升
法式芥末醬	2 大匙
融化奶油	1 大匙
葡萄籽油（油炸用）	適量
胡椒和鹽	適量

法式奶油白醬

紅蔥	1 顆
奶油	125 毫升
乾型（不甜）白酒	2 大匙
白酒醋	2 大匙
18% 鮮奶油	2 大匙
細磨白胡椒粉	適量
鹽	適量

作法

❶ 依照份量備齊材料。將紅甜椒縱切，去籽、去莖。青蔥與荷蘭芹略為切碎。蛋打勻，鮭魚開罐瀝乾。紅蔥細切，取 1 大匙，餘擱置一旁。125 毫升奶油切丁。烤箱預熱至 200 度。

❷ 將紅甜椒放在烘培紙上，皮面朝上，烤 30 分鐘，或直到紅甜椒起皺摺且略為轉黑。從烤箱取出略為放涼後，將一半的紅甜椒切丁，另一半靜置備用。

❸ 將切丁的紅甜椒、青蔥、荷蘭芹、雞蛋、杏仁粉、芥末，以及 1 大匙的融化奶油放進攪拌缽中。加入鮭魚，用叉子輕輕攪拌，使食材充分融合。將拌好的鮭魚捏成 4 個肉餅，不加蓋，放進冰箱冷藏。

❹ 製作法式奶油白醬時，將紅蔥、白酒、白酒醋放進小鍋中，以中大火加熱至沸騰後，關小火慢燉 5-7 分鐘至到幾乎完全收乾。加入鮮奶油和少許白胡椒粉續煮 1 分鐘。加入奶油丁，每次 1～2 塊，一邊加入一邊快速攪拌，幾乎完全化開後再加入下一

塊。待奶油丁全下鍋且化開拌勻後即可關
火。加鹽調味後，過細篩倒進一小碗中。
殘餘物即可丟棄。

❺ 製作鮭魚餅時，取一大型厚底平底鍋，將
葡萄籽油放進鍋中，以中大火加熱後，再
放進鮭魚煎煮 4 分鐘，翻面後再煎 3 分鐘。

❻ 將鮭魚餅個別盛盤，淋上法式奶油白醬即
可上菜。

蒜辣蝦佐白腎豆

這道有著西班牙小酒館風味的菜餚風味十足且口感層次分明，無論是趁熱吃還是冷卻後再吃，都非常美味，因此可以事先準備起來，等到要吃的時候再上菜。建議一定要使用最好的橄欖油和最好的食材，才能凸顯這道菜的風味。

4 人份

材料

蒜頭	3 瓣
新鮮紅辣椒	2 個
白腎豆罐頭	約 540 毫升
扁葉荷蘭芹	2 大匙
橄欖油	5 大匙
番茄丁（瀝乾）	375 毫升
番茄泥	1 大匙
雞高湯	250 毫升
煙燻紅椒粉	1 小匙
中型蝦仁	450 克
胡椒和鹽	適量

作法

❶ 依照份量備齊材料。蒜頭切末。紅辣椒去莖、去籽。沖洗白腎豆，瀝乾。荷蘭芹略為切碎。

❷ 將 3 大匙橄欖油放進一個大型厚底平底鍋中加熱，直到散發香氣但尚未冒煙。放進 ⅔ 的大蒜和全部的辣椒。用木匙拌炒 1 分鐘爆香，小心勿讓蒜頭燒焦了。此時應該已經香氣四溢。

❸ 將瀝乾的番茄放進鍋中，灑上鹽和胡椒調味。拌炒約 5 分鐘直到完全軟化。

❹ 加入番茄泥，邊煮邊攪拌，直到焦糖化，大約 3 分鐘。加入白腎豆和雞高湯，繼續攪拌。加熱至小滾，煮大約 4 分鐘，直到湯汁收乾一些，變得濃稠。以胡椒和鹽調味。

❺ 將紅辣椒粉撒在蝦子上，放進鍋中，同時將剩餘的蒜頭也放進鍋中。加熱燉煮直到蝦子捲曲呈現 C 字狀，大約 3 分鐘。淋上剩餘的 2 大匙橄欖油。試吃後再依個人喜好灑上胡椒和鹽，調整風味。

❻ 上菜時，分成 4 等份個別盛入碗中，並以荷蘭芹裝飾之。

香煎干貝與扁豆沙拉

扁豆常被做成療癒系的家常菜，但這分食譜提升了扁豆的精緻度：用芝麻和薑做成的醬汁及肥美多汁的干貝，底下又鋪墊著清脆的綠色蔬菜。請勿使用紅扁豆，因為這種豆子容易很快就煮得軟爛，影響整道菜的口感。

4 人份

材料

沙拉

乾燥綠或黑扁豆	225 克
蒜瓣	4 瓣
月桂葉	1 片
橄欖油	5 大匙
芝麻粒	3 大匙
海撈干貝	450 克
綜合綠葉蔬菜	225 克
芝麻葉	30 克
胡椒和鹽	適量

芝麻與薑油醋醬

薑	2.5 公分
檸檬	1 顆
橄欖油	3～4 大匙
烘焙芝麻油	1 大匙

作法

❶ 依照份量備齊材料。將扁豆洗淨瀝乾。將蒜頭去皮、拍碎。薑磨泥，檸檬擠汁。

❷ 取一大鍋白開水，煮沸後關中小火，加入扁豆和月桂葉，小火慢燉 15 ～ 20 分鐘，至到質地柔軟。瀝乾後盛入碗中。

❸ 製作油醬時，把薑、2 大匙檸檬汁、3 大匙橄欖油、芝麻油攪打均勻。以胡椒和鹽調味。加入更多的橄欖油，每次 1 大匙，逐漸調整到合適的濃稠度。將一半的油醬拌入扁豆中，輕輕攪拌使油醬均勻沾覆，靜置一旁備用。

❹ 取一小型平底鍋，以中小火將 2 大匙的橄欖油加熱。加入蒜頭爆香 1 分鐘。取出蒜頭，加入芝麻粒，拌炒大約 1 分鐘直到呈現金黃色。小心勿燒焦。關火靜置一旁。

❺ 取一大型平底鍋，用中大火加熱 3 大匙橄欖油。干貝灑上胡椒和鹽，每一面各煎 2 分鐘，小心不要煎太久，口感會變硬。

❻ 盛盤時，將普羅旺斯沙拉和芝麻葉先鋪在盤子上。放上一堆的扁豆，然後將干貝堆疊在扁豆上。淋上剩餘的油醬，灑上芝麻粒，即可享用。

香柏燻鱒佐杏仁蒜味醬

這道夏季的菜色運用了獨特的香柏煙燻技巧，特別適合戶外烤肉時製作。但如果每有戶外烤肉爐，或是天氣不佳，其實在廚房裡的瓦斯爐上製作，也是可以的。其實任何一種魚都可以放在香柏木板上烘烤，尤其鱈魚、大比目魚，都很合適。

4 人份

材料

扁葉荷蘭芹	0.5 把
去皮杏仁	125 毫升
蒜瓣	1 瓣
橄欖油	60 毫升
檸檬汁	2 大匙
鱒魚排	680 克
辣椒粉	0.5 小匙
胡椒和鹽	適量

作法

❶ 將 1～2 片的香柏木板浸泡在水中至少 24 小時。木板的面積大小應足夠，確保魚排可平鋪開來不重疊。

❷ 依照份量備齊材料。荷蘭芹切細末。烤箱預熱 200 度。

❸ 將杏仁和蒜頭放進食物調理機中攪成細末，並在運轉的同時加入橄欖油、檸檬汁，以及 80 毫升的白開水並持續攪拌，直到呈現如同美乃滋一般油滑的質地。用胡椒和鹽調味。將製作好的大蒜醬（aioli）覆蓋起來，冷藏備用。

❹ 將鱒魚抹上辣椒粉，胡椒和鹽。取出香柏木板，將鱒魚皮面朝下，放在木板上。將木板放在烤爐上烘烤大約 10 分鐘，直到魚肉開始呈現片狀剝離，時間長短依照魚排的厚度有所調整。

❺ 上菜時，將鱒魚從烤箱取出，個別盛盤，以大蒜醬和荷蘭芹裝飾，即可享用。

蝦仁菊苣沙拉佐柑橘油醋醬

粉紅色的蝦仁襯著深紫紅色的菊苣，再灑上一點一點的綠色荷蘭芹，這道菜是整本食譜中視覺上最美麗的，而且也非常好吃！如果你家有烤爐（或是有烤盤也可以），建議可將菊苣菜放在爐火上烤，而不是用烤箱烤，如此略為碳烤燒焦的口感和風味，會給這種略帶苦味的蔬菜，帶來更豐富的層次感。

4 人份

材料

沙拉

紅菊苣	2 顆
中型蝦仁	450 克
小番茄	450 克
扁葉荷蘭芹	2 枝
橄欖油	3 大匙
紅酒醋	1 大匙
胡椒和鹽	適量

柑橘油醋醬

檸檬	1 顆
橄欖油	6 大匙
法式芥末醬	2 小匙
胡椒和鹽	適量

作法

❶ 依照份量備齊材料。將紅菊苣除去根部，切成大塊。蝦仁去殼、去腸泥。番茄對切。荷蘭芹切細末。檸檬皮磨屑，檸檬擠汁。烤箱預熱 220 度。

❷ 將紅菊苣放進碗中，加入 2 大匙橄欖油和全部的醋，輕輕拌勻。灑上胡椒和鹽。將紅菊苣平鋪在墊了烘培紙的烤盤上，放進烤箱烤 10 ～ 12 分鐘，直到邊緣呈現金黃色酥脆狀。

❸ 烘烤紅菊苣的同時，將蝦仁和剩餘的 1 大匙橄欖油拌勻，灑上胡椒和鹽。將蝦仁平鋪在烤盤上，放入烤箱中和紅菊苣同時烘烤，大約 3 ～ 5 分鐘，直到蝦仁捲曲成 C 字狀。從烤箱取出蝦仁和紅菊苣，靜置一旁備用。

❹ 製作油醋醬時，取一小碗，將 1 大匙的檸檬皮屑、2 大匙的檸檬汁、橄欖油和芥末醬充分拌勻，灑上胡椒和鹽。

❺ 取一大碗，放進紅菊苣、蝦仁、和番茄，淋上有醋醬，輕輕拌勻，灑上荷蘭芹。

❻ 上菜時，將沙拉分別裝進 4 個碗中。

鮪魚佐中東五香芝麻醬

中東五香粉近年來很受歡迎，在商店和超市中可以輕易地買到現成品，但我們也不妨自己做做看。這種十分百搭的五香粉適合居家常備，不管是搭配堅果、蔬菜都很適合，只要是平時會搭配香草的時機，都可以改用這種五香粉。

4 人份

材料

中東五香粉

黑或白芝麻粒	2 大匙
乾燥百里香葉	1 大匙
孜然粉	1 大匙
芫荽粉	1 大匙
鹽膚木粉（sumac powder）	1 大匙
鹽	0.5 小匙
阿勒坡辣椒粉（Aleppochili flakes）	0.25 小匙

鮪魚

鮪魚排	700 克
橄欖油	3 大匙
中東五香粉	6 大匙
中東白芝麻醬	250 毫升
胡椒和鹽	適量

作法

❶ 依照份量備齊材料。

❷ 製作中東五香粉時，將芝麻粒放進一小型平底鍋中，略為乾炒 30 秒鐘，直到散發出堅果的香氣。記得搖動鍋子以避免芝麻粒燒焦。完成後靜置鍋中冷卻。

❸ 將芝麻粒、百里香、孜然粉、芫荽粉、鹽膚木粉、阿勒坡辣椒粉放進研磨器中，磨成細粉（也可利用咖啡磨豆機，但須注意清除咖啡餘粉）。

❹ 將鮪魚排淋上 1 大匙橄欖油，灑上 6 大匙的中東五香粉，胡椒和鹽。將 2 大匙的橄欖油放進厚底平底鍋中，用中大火加熱，直到油面起波紋，但尚未冒煙。鮪魚排下鍋，各面煎 2 分鐘。關火，靜置 5 分鐘。

❺ 上菜時，將溫熱的鮪魚排個別盛盤，淋上中東白芝麻醬，並灑上少許中東五香粉。

普羅旺斯海鮮湯佐蒜味美乃滋

世界各大傳統料理幾乎都有自己版本的海鮮湯，無論是法式、西班牙風，甚至義大利裔美式或是加勒比海風，各有各的特色。在此介紹用普羅旺斯香料製作出來的南法海鮮湯。

6 人份

~~~~~~

材料

黃洋蔥	1 顆
茴香球莖	1 顆
蒜瓣	4～6 瓣
檸檬	1 顆
橄欖油	125 毫升
綜合香料粉 *	2 小匙
辣椒粉	1 小匙
白酒	125 毫升
番茄泥	2 大匙
魚或蛤蜊高湯	1 公升
小番茄罐頭	250 毫升
低脂魚排 *	900 克
貝殼類	450 克
美乃滋	6 大匙
番紅花（可省略）	適量
辣椒醬	1 小匙
胡椒和鹽	適量

* 綜合香料粉包括乾燥百里香、羅勒、迷迭香、龍蒿、牛至葉、薰衣草和茴香。

* 低脂魚如大比目魚、鱸魚或鱈魚。

作法

❶ 依照份量備齊材料。洋蔥切碎、茴香球莖去除根部，切大塊。蒜頭切細末，份量約 4 大匙。檸檬皮磨屑、擠汁。

❷ 取一厚底湯鍋，將橄欖油以中大火加熱。放進洋蔥、茴香、與 3 大匙的蒜頭末，加入普羅旺斯綜合香料粉，辣椒粉，煮 12～15 分鐘，直到完全軟化。灑上胡椒和鹽。

❸ 加入白酒和番茄泥。煮至白酒收乾，大約 10 分鐘。加入高湯，煮至沸騰，關中小火，不加蓋，慢燉 30 分鐘。完成後用細網過濾，保留高湯，其餘配料丟棄。

❹ 將高湯放回鍋中，開中小火。加入魚肉和貝類，煮 5 分鐘，直到海鮮不透明且外殼張開。若有外殼緊閉者，應挑出丟棄。關火，靜置一旁備用。

❺ 取一小碗，將美乃滋和少許番紅花、1 大匙溫開水、1 大匙蒜頭，以及 1 大匙檸檬汁、1 小匙檸檬皮屑、辣椒醬拌勻，灑上胡椒和鹽。

❻ 上菜時，將魚湯分別放入 6 個湯碗中，各放上 1 湯匙的蒜味美乃滋，並將剩餘的美乃滋另外放在一個小碗中，依照個人喜好添加。

馬鈴薯與白花椰菜魚肉鹹派

我將這道傳統菜餚略為修改了一下，以白花椰菜取代一部分的馬鈴薯，如此澱粉的含量降低後，口味更多層次，營養更豐富，纖維質含量也更高。如果更進一步，用白花椰菜完全取代馬鈴薯，也是可行的。

4 人份

材料

馬鈴薯	2 顆
白花椰菜	0.5 顆
菠菜葉	4 把
黃洋蔥	1 顆
胡蘿蔔	2 個
巧達乾酪	100 公克
檸檬	1 顆
扁葉荷蘭芹	1 把
橄欖油	3 大匙
荳蔻粉	1 小匙
鮮奶油	250 毫升
乾燥芥末	1 小匙
鱈魚排	450 克
胡椒和鹽	適量

作法

❶ 依照份量備齊材料。將馬鈴薯去皮切丁。白花椰菜用手剝成小朵。菠菜切碎。洋蔥切丁。胡蘿蔔去皮，切丁。巧達乾酪刨絲。檸檬擠汁。荷蘭芹切碎。烤箱預熱至 230 度。

❷ 取一大型平底鍋，加入鹽水，煮至沸騰後，加入馬鈴薯煮 10 分鐘至到軟化。加入白花椰菜，續煮 5 分鐘。將馬鈴薯和白花椰菜用可瀝水的湯杓撈出，保留鍋中湯汁。將馬鈴薯和白花椰菜攤開晾乾。待不再冒出水蒸氣後，加入 1 大匙的橄欖油，搗碎，灑上荳蔻粉、胡椒和鹽。靜置一旁備用。

❸ 將菠菜放在細網籃中，將前一步驟中所保留的湯汁，趁溫熱時，淋在菠菜上。稍微冷卻後，擠出多於水分，靜置一旁備用。

❹ 取一中型平底鍋，以中小火，將 1 大匙橄欖油加熱。加入洋蔥和胡蘿蔔小火慢煎 5 分鐘，至到洋蔥半透明而胡蘿蔔軟化。加入鮮奶油，沸騰 30 秒後關火，加入巧達乾酪，1 大匙檸檬汁、荷蘭芹和乾燥芥末。

❺ 取一 2 公升烤盤，放進菠菜和魚肉。倒入前一步驟製作的乳酪奶油醬，覆蓋上馬鈴薯白花椰菜泥。刷上橄欖油，放進烤箱烤 20 ～ 25 分鐘，直到表層呈現金黃色。從烤箱取出後靜置 10 分鐘冷卻。上菜時，分成 4 等份，個別盛盤，即可享用。

紅肉類
牛肉、羊肉和豬肉

花椒八角燉牛小排

把壓力鍋或是電鍋拿出來用吧！不論是用哪一種鍋具，牛小排一定要先煎過才會香，然後再用小火慢燉至軟嫩，讓花椒、八角和小荳蔻的香氣充分滲透其中。

6～8人份

材料

黃洋蔥	2 顆
薑	7.5 公分
香菇	225 克
蒜瓣	2 瓣
橄欖油	3 大匙
牛小排	1.5 公克
八角	2 顆
花椒粉	2 小匙
小荳蔻粉	1 小匙
日式醬油	1 大匙
牛肉高湯	500 毫升
胡椒和鹽	適量

作法

❶ 依照份量備齊材料。洋蔥切碎，薑磨泥。香菇切絲。烤箱預熱至 135 度。

❷ 將 2 大匙橄欖油放進鑄鐵鍋中，或其他適合放進烤箱、並且帶有蓋子的鍋具中，用中大火加熱。將牛小排灑上胡椒和鹽，各面輪流煎煮，共 15 ～ 20 分鐘至到牛小排的表面呈現深棕色。完成後，將牛小排從鍋中取出靜置一旁，並且保留鍋中油汁。

❸ 將洋蔥、薑、香菇和蒜頭放入鍋中，小火慢煎 5 ～ 7 分鐘，或直到洋蔥呈現半透明狀。放進八角、花椒和小荳蔻。煮 30 秒，並持續攪拌。將牛小排放回鍋中，加入日式醬油，以及足夠的高湯，使得牛小排僅表面露出水面。蓋上鍋蓋，放進烤箱中慢燉 3.5 至 4 小時，直到骨肉分離。

❹ 取出牛小排，放進碗中，將骨頭抽出、丟棄。用 2 隻叉子，將肉塊剝成肉絲。將烤盤中的滷汁去除表面浮油後，再度煮沸8 ～ 10 分鐘，至到湯汁收乾且氣味濃郁。將八角取出。

❺ 上菜時，將一些湯汁淋在肉絲上，另外在附一小碗湯汁在一旁，隨個人喜好添加。

茅屋肉派與乳酪泥

你知道正宗的牧羊人派其實是用羊肉而非牛肉製作的嗎?所以一直以來我們都用錯誤的名稱在稱呼茅屋肉派了!馬鈴薯的澱粉含量高,但可以將肉派中的食材黏合在一起,如果你很介意碳水化合物含量,不妨以白花椰菜代替馬鈴薯。

4 人份

材料

歐洲蘿蔔或芹菜根	680 克
馬鈴薯	225 克
大型黃洋蔥	1 顆
大型胡蘿蔔	1 個
新鮮百里香	2 枝
巧達乾酪或葛瑞爾乳酪	80 克
橄欖油	2 大匙
牛絞肉	450 克
牛肉高湯	250 毫升
伍斯特醬	2 大匙
番茄泥	1 大匙
鮮奶油或全脂牛奶	60 毫升
奶油(室溫)	1 大匙
胡椒和鹽	適量

作法

❶ 依照份量備齊材料。將歐洲蘿蔔或芹菜根去皮切塊。馬鈴薯去皮切塊。洋蔥切丁。胡蘿蔔切丁。將百里香葉摘下。乳酪刨絲。將 2 公升的烤盤薄薄抹上一層橄欖油或奶油。

❷ 取一中型湯鍋,將鹽水用中大火煮沸,加入歐洲蘿蔔或芹菜根和馬鈴薯,煮 15 分鐘直到叉子可輕易穿刺。瀝乾,靜置濾網中 10 分鐘。

❸ 將橄欖油放進平底鍋中,加熱後放進牛肉,煎煮至完全呈現深褐色,灑上胡椒和鹽。加入洋蔥、胡蘿蔔和 2 小匙的百里香葉。一邊加熱,一邊攪拌,大約 5 分鐘,直到洋蔥呈現半透明狀,而胡蘿蔔半軟半硬。加入牛肉高湯、伍斯特醬、和番茄泥。關小火,燉煮 15 分鐘。

❹ 取一大碗,將歐洲蘿蔔或芹菜根和馬鈴薯以及鮮奶油(或牛奶)和奶油拌勻,加入一半的乳酪絲拌勻。

❺ 將烤箱預熱至 180 度。將牛肉和蔬菜倒進準備好的烤盤中。

紅酒芥末牛排

後腹側的牛排口感上比較有嚼勁，風味上也比較濃郁。因為是瘦肉，所以配菜方面可以強調油脂，例如高麗菜法式酸奶沙拉、蒜味奶油高麗菜嬰，或是任何加了乳酪的東西。做這道菜要提前開始，有足夠的時間醃漬牛肉，才會入味。

4 人份

材料

蒜瓣	4 瓣
紅酒	175 毫升
法式芥末醬	3 大匙
橄欖油	3 大匙
後腹側牛排	675 克
胡椒和鹽	適量

作法

❶ 依照份量備齊材料。蒜頭切末。

❷ 將蒜頭和 125 毫升紅酒、2 大匙芥末、2 大匙橄欖油、胡椒和鹽攪拌均勻，放進耐酸鹼材質的容器，將牛排浸泡其中，並用保鮮膜覆蓋，冷藏 8 ～ 12 小時。

❸ 取出牛排，保留醃料。牛排拍乾，灑上胡椒和鹽。

❹ 將平底鍋用高溫加熱，鍋底刷上一層橄欖油。將牛排放進鍋中煎煮，過程中翻面幾次，直到牛排 4 分熟，大約 10 ～ 12 分鐘。將牛排放在木板上，用鋁箔紙覆蓋，靜置大約 10 分鐘。

❺ 將醃料放進小湯鍋中，大火加熱至沸騰 5 分鐘，不用攪拌。加入剩餘 60 毫升紅酒，再次加熱至沸騰後關火，加入剩餘的芥末。

❻ 上菜時，將牛排逆紋切薄片，淋上紅酒醬汁。

蓋瑞爾乳酪肉餅

製作肉餅可以說是烹飪上的最佳投資。同樣是進廚房煮一道菜的時間，做出來的料理卻可以吃好幾餐，不是很划算嗎？而這道肉餅裡裡外外還加了一層一層的蓋瑞爾乳酪，非常美味，無論是加熱吃，還是涼涼的吃，都一樣好吃。

6～8人份

材料

豬肉灌腸	450 克
黃洋蔥	1 克
蒜瓣	4 瓣
扁葉荷蘭芹	8 枝
雞蛋	3 顆
蓋瑞爾乳酪	450 克
油漬風乾番茄	60 毫升
牛絞肉	900 克
乾燥牛至葉	1 大匙
紅酒	125 毫升
羅勒	1 把
胡椒和鹽	適量

作法

❶ 依照份量備齊材料。將豬肉灌腸自腸衣中擠出。洋蔥切丁。蒜頭切末。荷蘭芹葉摘下，切碎。取一小碗，將雞蛋打散。乳酪刨絲。番茄乾切細丁，烤箱預熱至 190 度，將 2 公升的烤盤底部鋪上烘焙紙或是鋁箔紙。

❷ 取一大碗，放進豬肉和牛肉、洋蔥、蒜頭、荷蘭芹和牛至。用手揉捏使其充分混合後，灑上胡椒和鹽。將肉醬平鋪在烤盤中，各處厚度均勻，約 5 公分厚。灑上四分之三的蓋瑞爾乳酪、番茄和羅勒葉，使其平均散佈肉醬的表面。將烘焙紙連同肉醬捲起，兩側頭尾捏合，以防止乳酪和其他食材掉出。

❸ 將肉餅放進烤盤中，開口朝下，烤 1 小時，至到呈現金黃色。灑上剩餘的蓋瑞爾乳酪，複烤 5 分鐘使其融化。

❹ 完成後，將肉餅切成厚片，即可上菜。

白花椰菜飯佐羊肉咖哩

===============

說到白花椰菜飯,你是否也覺得相見恨晚?它有著白飯所有的好處,
卻不會像白飯造成身體的負擔,搭配咖哩、肉醬都很合適。尤其是味
道複雜的咖哩醬,以味道淡雅的白花椰菜飯陪襯,更能凸顯其口味上
的對比和豐富度。

4～6 人份

材料

羊肩肉	900 克
黃檸檬	2 顆
蒜瓣	3 瓣
綠辣椒	2 顆
薑	2.5 公分
大番茄	6 顆
白花椰菜或現成白花椰菜飯	700 克
印度酥油或椰子油	3 大匙
印度綜合香料粉（garammasala）	1.5 大匙
孜然粉	1.5 大匙
薑黃粉	1 大匙
辣椒粉	1 大匙
椰奶	500 毫升
雞高湯	500 毫升
嫩菠菜葉	250 克
原味優格	125 毫升
胡椒和鹽	適量

作法

❶ 依照份量備齊材料。將羊肉切成骰子狀,灑上胡椒和鹽。將洋蔥、蒜頭、辣椒分別切碎備用。薑磨成泥,大約 1 大匙。番茄切碎。白花椰菜放進食物調理機攪碎,顆粒粗細大約與米粒同樣大小。

❷ 取一帶蓋烤盤,用印度酥油或是椰子油,將羊肉煎煮 12～15 分鐘,直到每一面都呈現深褐色。如果烤盤不大,可分次進行。將煎好的羊肉盛盤,靜置一旁備用。

❸ 將洋蔥、蒜頭、辣椒和薑放進烤盤中,用中大火爆香 3 分鐘,直到洋蔥呈現半透明狀。應注意蒜頭勿燒焦。加入印度綜合香料粉、孜然粉、薑黃粉和辣椒粉,攪拌 1 分鐘,直到香氣四溢。加入番茄,繼續攪拌幾分鐘,讓番茄汁慢慢收乾。灑上鹽和胡椒。

❹ 用木匙將椰奶和高湯慢慢拌入,同時將烤盤底部的醬汁刮起,將湯汁煮到沸騰。關成中火,將羊肉放回烤盤中,蓋子半蓋。小火慢燉 1 小時,直到羊肉徹底軟爛。

⑤ 燉煮咖哩的同時，取一大型平底鍋，用中火將 1 大匙印度酥油或是橄欖油加熱。拌入白花椰菜飯，輕輕攪拌，確認油汁均勻沾覆。灑上胡椒和鹽。蓋上鍋蓋，轉中小火，煮 5 分鐘，直到白花椰菜熱透，但尚未軟爛前關火。

⑥ 確定羊肉軟爛後，拌入菠菜、優格，灑上胡椒和鹽。

⑦ 上菜時，將白花椰菜飯分別盛入 4 ～ 6 個碗中，淋上羊肉咖哩醬即可享用。

牧羊人派與甘藷泥

正宗的牧羊人派應該是用羊絞肉製成的，如果不使用羊絞肉的話，以 1 比 1 的比例混合豬肉和牛肉替代亦可。在這道食譜中，我選擇以甘藷泥來替代傳統的馬鈴薯泥，不但營養更加豐富，澱粉含量更低，而且跟羊肉的風味也更加相得益彰。

4 ～ 6 人份

材料

材料	份量
甘藷	2 顆
胡蘿蔔	4 個
芹菜	1 根
黃檸檬	1 顆
培根	4 片
奶油	3 大匙
荳蔻粉	適量
橄欖油	2 大匙
月桂葉	2 片
羊絞肉	450 克
小番茄罐頭（含湯汁）	400 毫升
雞高湯	250 毫升
新鮮百里香	3 枝
新鮮迷迭香	1 枝
胡椒和鹽	適量

作法

❶ 依照份量備齊材料。將甘藷去皮、切丁。胡蘿蔔、芹菜、洋蔥切丁。培根切成短條狀。

❷ 取一大湯鍋，開大火，將鹽水煮沸，加入甘藷煮 15 分鐘直到軟化。瀝乾、加入奶油和少許荳蔻，搗成泥狀。

❸ 在燉煮甘藷的同時，取一平底鍋，以中火將橄欖油加熱後，放進胡蘿蔔、芹菜、洋蔥和月桂葉，煮 6 ～ 8 分鐘，直到洋蔥呈現半透明狀，胡蘿蔔軟化。加入培根，煎煮 5 分鐘，逼出豬油，但不要將培根煎得太焦。加入羊肉，一邊拌煮，直到呈現金黃色，大約 10 分鐘。加入番茄，罐頭中的湯汁也一併加入，並且加入高湯、芹菜、百里香、迷迭香、加熱至沸騰。轉小火，不加蓋，慢燉 20 分鐘，直到湯汁收乾 0.5。將月桂葉、百里香和迷迭香取出並丟棄。灑上胡椒和鹽。

❹ 將烤箱預熱至 200 度。將燉好的羊肉連同湯汁倒進 2 公升的烤盤中。將甘藷泥均勻覆蓋在羊肉之上，烤 20 ～ 30 分鐘，直到開始冒泡，某些部位呈現褐色。

❺ 上菜時，切成大方塊，個別盛盤，即可享用。

希臘風蔬菜燉羊肉

提前準備，羊肉才能充分醃漬入味。等待烘烤時不妨倒一杯希臘茴香酒享受滿屋地中海香氣。

6～8人份

材料

蒜瓣	12 瓣
中型歐洲蘿蔔	4 個
紅洋蔥	2 顆
紅甜椒	2 顆
羊肩肉	2 公斤
橄欖油	1 大匙
乾燥牛至葉	2 小匙
肉桂粉	1 小匙
檸檬	2 顆
小番茄	45 顆
月桂葉	1 片
胡椒和鹽	適量

作法

❶ 依份量備齊材料。蒜頭去皮拍碎磨泥，或淋上一點橄欖油並灑上鹽巴，然後用刀子慢慢剁成泥。歐洲蘿蔔也去皮、切塊。洋蔥切片。紅甜椒去籽，切塊。準備一大張烘焙紙。

❷ 將羊肩放進耐酸鹼材質的碗中，抹上橄欖油，灑上牛至葉、肉桂、胡椒和鹽。將蒜頭泥敷在羊肉上。將檸檬對切，把整顆檸檬的檸檬汁都擠在羊肉上。蓋上蓋子或保鮮膜，冷藏 8～12 小時。

❸ 將烤箱預熱至 160 度。取一厚底荷蘭鍋，或其他可以耐高溫，放進烤箱的鍋具，將剩餘的 6 瓣蒜瓣、歐洲蘿蔔、洋蔥、甜椒、番茄和月桂葉都放進鍋中。加入 125 毫升白開水，灑上胡椒和鹽，將羊肉放在蔬菜上。

❹ 將烘焙紙剪成圓形，直接蓋在羊肉上，完全蓋住鍋具。蓋上鍋蓋，放進烤箱，烤 4～5 小時，直到羊肉用叉子可輕易穿刺。從烤箱中取出，將烤箱溫度升高至 220 度。將鍋蓋打開。

❺ 將烤盤再度放回烤箱中，這次不加蓋，烤 15 分鐘，直到羊肉表面呈現深褐色，風味也更加濃郁。將羊肉取出，放在木盤上，用錫箔紙覆蓋，靜置 10～15 分鐘。

❻ 將蔬菜放回烤箱中，不加蓋，續烤 10～15 分鐘，直到呈現深褐色。完成後，從烤箱中取出，將月桂葉挑出並丟棄。

❼ 上菜時，將羊肉切厚片，或是用手剝成大塊。個別盛盤後，搭配上蔬菜，即可享用。

八角滷豬五花肉

這道菜的成功關鍵在於燉煮豬肉時，不將五花肉完全淹沒在湯汁中，而是讓肉塊的表面露出於水面之上。因為豬肉的一部分露出水面，所以有機會在加熱的過程中焦化並且逼出豬油，口感會變得比較豐富，湯汁也更濃郁美味。

4 人份

材料

豬五花	900 克
茴香球莖	1 顆
蒜瓣	3 瓣
小荳蔻豆莢	4 個
橄欖油	1 大匙
月桂葉	4 片
八角	4 顆
茴香籽	1 小匙
白酒	325 毫升
雞高湯	500 ～ 750 毫升
顆粒芥末醬	1 大匙
胡椒和鹽	適量

作法

❶ 依照份量備齊材料。將豬五花表皮切出菱格紋。灑上胡椒和鹽。將茴香球莖去除根部，切片。將蒜頭剝皮，拍碎。將小荳蔻用石臼碾碎。將烤箱預熱至 180 度。

❷ 將烤盤放在爐火上用中火熱鍋。放入橄欖油、茴香、蒜頭、小荳蔻、月桂葉、八角，和茴香籽，拌煮幾分鐘，直到香氣釋放出來為止。將配料推到烤盤的一邊，放入豬肉，皮朝下，煮 8 ～ 10 分鐘，直到肥肉部分呈現金黃色。翻面讓豬皮朝上。

❸ 加入白酒，用木匙刮鍋底，讓沾附的油醬浮起，但應注意勿噴濺到豬肉上。煮沸後，加入高湯，深度大約與瘦肉和肥肉交界處同高。記住勿讓肥肉浸泡在滷汁中。將烤盤放進烤箱中，不加蓋，燉煮 2.5 小時。

❹ 將五花肉取出，放在木盤上，用錫箔紙稍微覆蓋，靜置大約 10 分鐘。

❺ 將湯汁表面浮油撈起後，以中大火加熱後，加入芥末醬。試吃後，依照個人口味加入胡椒和鹽調整鹹淡。將月桂葉、八角、小荳蔻挑出丟棄。上菜時，將五花肉切片，個別盛盤，一旁搭配少許醬汁。

香煎豬排佐蘋果和鼠尾草

這是一道成品看起來相當精緻的菜，誰也不會想到它的作法如此簡單，因此非常適合當作特殊日子的晚餐。豬排要用力搥打過，肉質才會變得柔軟。我個人很喜歡一邊做著這道菜，一邊喝著冰水調製的蘋果醋飲，享受悠閒時光。推薦您也可以試試看。

4 人份

材料

口味偏酸的小蘋果	2 顆
豬肉排	680 克
蒜瓣	6 瓣
奶油	2 大匙
肉桂粉	適量
橄欖油	3 大匙
鯷魚	4 隻
鼠尾草	12 片
蘋果醋	1 大匙
現磨胡椒和鹽	適量

作法

❶ 依照份量備齊材料。將蘋果去核，切成 8 等份，蘋果皮保留。用肉鎚將豬肉排搥打成 1 公分薄片。蒜頭去皮，拍碎。

❷ 取一大型平底鍋，用中大火將奶油融化。加入蘋果，灑上少許肉桂、胡椒和鹽，煮 12 ～ 15 分鐘，偶爾翻面，直到蘋果軟爛但仍保持外型。將蘋果連同鍋中將汁盛入碗中。

❸ 在同一鍋中，加入 1 又 0.5 的橄欖油和 3 瓣蒜瓣、2 隻鯷魚、6 片鼠尾草，以及大量的現磨黑胡椒，煎煮 30 秒鐘。加入 0.5 的豬排，每一面各煎 2 分鐘，直到呈現金黃色。將豬排盛盤，保持溫熱。重複上述步驟，將另外一半的豬排也依照同樣的方式煎熟。

❹ 將同一個平底鍋用中火熱鍋後，放進蘋果醋攪拌 2 分鐘，讓沾附在鍋底的油和醬汁浮起，並且讓鍋中的湯汁收乾，變得濃稠後，淋在蘋果上。

❺ 上菜時，將豬排個別盛盤後，將蘋果排放在豬排上，並淋上醬汁，即可享用。

茶香豬腰內肉

茶葉除了製作茶飲，拿來入菜其實也可以做出各種變化。例如，一般會使用到香草的料理，都可以用茶葉來代替，尤其是添加了佛手柑的香氣的伯爵茶。茶葉抹在豬肉、雞肉、魚肉上，也都很合適。

4 人份

材料

散葉伯爵茶	6 大匙
蒜頭粉	1 大匙
洋蔥粉	1 大匙
橄欖油	1 大匙
豬腰內肉	1.3 公克
胡椒和鹽	適量

作法

❶ 依照份量備齊材料。烤箱預熱至 230 度。將烤盤鋪上烘焙紙。

❷ 將茶葉、蒜頭粉和洋蔥粉混合後，平均灑在烘焙紙上。用刷子或是徒手將橄欖油抹在豬肉上，然後將豬肉放進烤盤中滾動，充分沾附茶葉和調味粉。灑上大量的胡椒和鹽。

❸ 將豬肉的油脂面朝上，放進大小適中的烤盤中，烤 20 分鐘。將烤盤溫度降到 180 度，繼續烤 40 分鐘。將豬肉移至到木盤上，用錫箔紙稍微覆蓋，靜置 10 分鐘。

❹ 上菜時，將豬肉切片，個別盛盤，即可享用。

五香蒜味烤豬腰內肉

來自中國的五香粉隱藏在料理中，散發出的香味卻是令人食指大動。因為豬腰內肉脂肪含量不高，額外添加了椰子油在薑蒜醬料中，有助於肉質軟化，使口感更佳。

4 人份

材料

豬腰內肉

蒜頭粉	1 小匙
薑泥	1 小匙
中式五香粉	1 小匙
芫荽葉	2 枝
豬腰內肉	680 克
橄欖油	1 大匙
薑蒜醬	125 毫升

薑蒜醬料

萊姆	1 顆
蒜瓣	1 瓣
薑	2.5 公分
日式醬油	125 毫升
椰子油	2 大匙
米酒醋	1 小匙
胡椒和鹽	適量

作法

❶ 依照份量備齊材料。將萊姆皮磨屑、萊姆擠汁，蒜頭切末、薑磨泥。將蒜頭粉、薑泥、五香粉放進小碗中，充分混合。將芫荽葉摘下，切碎。烤箱預熱至 200 度。準備一張保鮮膜或是蠟紙。

❷ 將豬肉放在保鮮膜或是蠟紙上，灑上準備好的混合香料，滾動豬肉使其充分且均勻沾附香料粉。將橄欖油放進厚底的平底鍋中，用重大火熱油後，將豬肉的各面表面煎熟，大約 4～6 分鐘。將豬肉取出，肉汁留在鍋中，將豬肉放在烤盤上，放進烤香烤 12～15 分鐘。從烤箱取出，稍微用錫箔紙覆蓋，但保留透氣空間，靜置烤盤中備用。

❸ 製作薑蒜醬料時，將 1 大匙的萊姆汁、2 小匙的萊姆皮屑、蒜頭、2 小匙的薑、日式醬油、椰子油和米酒醋放進碗中調和。放進前一步驟煎煮豬肉的同一只平底鍋中，用中大火加熱，加入 2 大匙白開水，用木匙刮起沾附於鍋底的醬汁。加入薑蒜醬料，繼續加熱，讓湯汁收乾變得濃稠，大約 5 分鐘。靜置一旁備用。

❹ 將豬肉放在木盤上，切成薄片，分別盛入 4 個盤子中，淋上醬汁，即可享用。

慢火烤豬肉佐芥末與辣椒

製作這道菜時，烤豬肉的香氣會瀰漫整個屋子，香氣繚繞。這道菜同時也是很實惠的好選擇，可輕鬆餵飽一大群人；如果人少的話，剩菜即使隔餐吃也仍然相當美味。只要耐心等候，就可以享受到鮮嫩多汁又香氣十足的豬肉。

6～8人份

材料

無骨的豬臀肉或豬肩肉
　　　　　　　　2公斤
新鮮百里香　　　2枝
蒜瓣　　　　　　3瓣
墨西哥辣椒或煙燻紅辣椒
　　　　　　　　1小匙
法式芥末醬　　　2大匙
胡椒和鹽　　　　適量

作法

❶ 依照份量備齊材料。用棉繩將豬肉綑綁成型。灑上大量的胡椒和鹽。將脂肪面朝上，放進小型的烤盤，在室溫下靜置大約1小時使其回溫。將百里香葉摘下，切碎。蒜頭切末。烤箱預熱至245度。

❷ 取一小碗，將百里香、蒜頭、辣椒和芥末混合後，灑上胡椒和鹽。用刷子刷在豬肉上。

❸ 將豬肉放進烤箱烤15分鐘後，從烤箱取出。將烤箱溫度降至95度。將豬肉蓋上錫箔紙，放回烤箱，低溫慢烤8小時。

❹ 上菜時，將豬肉切成薄片，個別盛盤。也可以包起來，冷藏過夜，第二天再取出，以120度加熱30分鐘後，再切片享用。

點心類

巧克力堅果棒

這道小點心原本的作法是以楓糖漿製作，但其實少了楓糖漿強烈的甜味，堅果和巧克力的風味更能夠充分地展現出來。糖分的使用和攝取，應該是越少越好！

16 ～ 24 個堅果棒

材料

杏仁、胡桃或核桃	
（新鮮或烘焙皆可）	80 克
去核椰棗	80 克
蛋白	1 個
藜麥麥片	1.5 杯
亞麻仁籽粉	0.25 杯
肉桂粉	1 小匙
荳蔻粉	0.5 小匙
橄欖油	60 毫升
70%黑巧克力	100 克
鹽	適量

作法

❶ 依照份量備齊材料。將堅果和椰棗切碎，蛋白打發。烤箱預熱至 180 度。準備一個 20 公分見方的烤盤。

❷ 取一大碗，將堅果、椰棗、蛋白、藜麥、亞麻仁籽、肉桂、荳蔻、鹽和橄欖油充分混合後，放入烤盤中，按壓至表面平整，厚度均勻。放進烤箱，烤 30 分鐘，直到質地變硬，且表面呈現金黃色。靜置烤盤中冷卻 1 小時。

❸ 將巧克力隔水溶化，或用微波爐融化，淋在烤好的堅果棒上。待完全冷卻後，切成棒狀，即可享用。未使用完畢的堅果棒，可保存在密封的容器中，保存期限 3 天。

杏仁無花果蛋糕

這道傳統風味的蛋糕非常適合出現在需要搭配甜點的特殊場合。因為不含精緻澱粉也不含精緻糖類，只加了一點點的蜂蜜，所以非常健康。選擇蜂蜜時，記得參考營養標示，確認成分中不含玉米糖漿。擺盤時，建議可以依照個人喜好，以水果裝飾。

8 吋蛋糕

材料

檸檬	1 顆
新鮮無花果	10 個
橄欖油	60 毫升
純蜂蜜	60 毫升
大雞蛋	2 顆
杏仁粉	1.5 杯
泡打粉	1.5 小匙
鹽	0.5 小匙

作法

❶ 依照份量備齊材料。將檸檬皮磨屑，檸檬擠汁，無花果縱切。烤箱預熱至 180 度。將直徑 20 公分的蛋糕模型內側抹上一層薄薄的油，再貼上烘焙紙。

❷ 取一大碗，將 2 大匙的檸檬汁，1 大匙檸檬皮屑、橄欖油、蜂蜜和雞蛋充分混合。加入杏仁粉、泡打粉和鹽，用打蛋器攪打。將打好的麵糊倒進蛋糕模型中，並將無花果片排放在麵糊上。放進烤箱，烤 30 ～ 35 分鐘，或直到插入竹籤再取出後，竹籤上不會沾附任何麵糊為止。

❸ 將蛋糕模具倒扣在盤子後，再次翻面，讓有無花果的一面朝上。放在通風的架子上，讓它完全冷卻。

❹ 切片，個別盛盤後，即可享用。

雞肝醬

這道美味的雞肝醬很適合抹在清脆的蔬菜或餅乾上一起食用，例如胡蘿蔔或是雜糧脆餅。因為加了白蘭地、伍斯特醬和辣醬，口味更有層次感，也吃得出日本人所說的「鮮味」（umami）。

625 毫升

材料

蒜瓣	6 瓣
黃洋蔥	1 顆
雞肝	680 克
橄欖油	1 大匙
白蘭地	60 毫升
荳蔻粉	1 小匙
伍斯特醬（Worcestershiresauce）	1 大匙
辣醬	2 大匙
奶油	225 克
胡椒和鹽	適量

作法

❶ 依照份量備齊材料。蒜頭去皮、拍碎、切細末。洋蔥切丁。雞肝放在流動的冷水底下沖洗，將外露的血管除去。用紙巾拍乾，靜置一旁備用。

❷ 取一大型平底鍋，以中大火將橄欖油加熱。加入蒜頭和洋蔥，不斷拌炒大約 4 分鐘，直到稍微上色，但未燒焦。加入雞肝，灑上大量的胡椒和鹽。一邊加熱一邊攪拌，大約 2 分鐘，使表面焦糖化，封住內部肉汁（即「煎封」，sear）。轉中小火，再煮 6 ～ 8 分鐘，直到雞肝的中心已由鮮紅色轉為粉紅色。

❸ 加入白蘭地和荳蔻，用木匙將沾附在鍋底的醬汁刮起。加入伍斯特醬和辣醬，關火，倒進玻璃容器或是瓷器中，冷卻 10 分鐘後，蓋上保鮮膜或是蓋子，冷藏 20 分鐘，並於冷藏過程中取出攪拌一次。

❹ 將雞肝、蒜頭、洋蔥連同醬汁一起倒進食物調理機或果汁機中，攪打成泥後，以每次 2 大匙的份量，逐次加入奶油並攪拌，直到充分混合。每次加入奶油時，應將食物調理機上沾附的雞肝醬刮下，再重新攪拌。灑上胡椒和鹽。

❺ 將雞肝醬放進一個小碗中，將保鮮膜直接蓋在雞肝醬上（保鮮膜直接接觸雞肝醬、中間沒有空隙），冰鎮 1 小時以上。這樣的狀態可以保存 1 個禮拜。食用前應先回復到室溫。

酸辣鮮蔬佐酪梨醬

這道經典的沾料因為加了番茄丁和紅洋蔥而升級了。搭配新鮮的十字花科蔬菜，例如綠花椰、白花椰非常合適，如果想要容易消化一點，也可以將蔬菜先汆燙過。記得酪梨泥不要搗得太爛，或攪拌過度，變得像嬰兒食品一般軟爛就不好了。

500 毫升

材料

熟透的酪梨	3 顆
蒜瓣	2 瓣
墨西哥辣椒	1 顆
萊姆	2 顆
芫荽葉	4 枝
胡椒和鹽	

搭配蔬菜

- 比利時菊苣：摘下葉片
- 花椰菜：汆燙 3 分鐘
- 胡蘿蔔：切條狀，生吃
- 白花椰菜：汆燙 3 分鐘
- 芹菜：切條狀，生吃
- 白蘿蔔：對切
- 紅、黃甜椒：縱切成條狀

作法

❶ 依照份量備齊材料。酪梨對切，去籽，將果肉用湯匙舀進碗中。蒜頭切末。將墨西哥辣椒去籽，切末。萊姆皮磨屑，萊姆擠汁。番茄切丁，洋蔥切碎。芫荽葉帶梗，切碎。

❷ 取一大碗，將酪梨用叉子稍微壓碎，保留一些塊狀。拌入蒜頭、墨西哥辣椒、1 大匙萊姆皮屑，2 大匙萊姆汁、番茄、洋蔥，以及芫荽葉。依照個人口味，可以再加一些萊姆汁。灑上胡椒和鹽。

❸ 將酪梨換到食用的碗中。如果不馬上食用，可蓋上保鮮膜（保鮮膜直接接觸酪梨醬，勿有空隙），冷藏保存不超過 4 小時。

❹ 上菜時，將綜合蔬菜隨性堆放在盤子上，旁邊擺上一碗酪梨沾醬，即可享用。

茄子鷹嘴豆泥

通常鷹嘴豆泥都是搭配白芝麻醬，但加了烤過的茄子是否更有趣一點呢？這麼做絕對是值得的。而鷹嘴豆泥攜帶方便，作為午餐再合適也不過，只要加上蔬菜棒一起沾著吃，就是營養方便的一餐。

500 毫升

材料

鷹嘴豆	1 罐
蒜瓣	4 瓣
檸檬	1 顆
茄子	900 公克
白芝麻醬	3 大匙
孜然粉	0.5 小匙
橄欖油	1 大匙
胡椒和鹽	適量

作法

❶ 依照份量備齊材料。將鷹嘴豆洗淨瀝乾，蒜頭切末，檸檬磨皮、榨汁。將烤箱預熱至 200 度。依照茄子的大小，選取一個大小適中的烤盤，鋪上烤培紙。

❷ 用叉子將茄子戳洞，放進烤盤烤 30 ～ 40 分鐘，視茄子的大小而定。烤到茄子肉軟化，呈現半透明、滑順的泥狀後，從烤箱取出並靜置冷卻。用湯匙刮起茄子泥，放進食物調理機或是果汁機，茄子皮則丟棄。

❸ 將鷹嘴豆、蒜頭、2 大匙的檸檬汁、1 大匙白開水、白芝麻醬、孜然粉和茄子泥充分混合後，以每次 1 大匙的方式，逐漸加入檸檬汁或是白開水，調整成適合的濃稠度。以胡椒和鹽調整口味。

❹ 上菜時，可用碗盛裝鷹嘴豆泥，或是用邊緣有高度的盤子，並淋上橄欖油，灑上檸檬皮裝飾即可。

羽衣甘藍脆片

這種蔬菜脆片吃起來跟洋芋片一樣，一口接一口，卻少了很多澱粉。記得烘烤時要平鋪開來，不可堆疊在一起，否則口感會變得 Q 彈有咬勁而不酥脆。也可以一次做 2 倍的份量。

4 人份

材料

羽衣甘藍	1 把
橄欖油	2 大匙
酵母粉	1 大匙
鹽	1 小匙
辣椒粉	1 小匙

作法

❶ 依照份量備齊材料。將羽衣甘藍葉去除莖部，將葉子撕成大塊。清洗後瀝乾，放在乾淨的布上，徹底風乾。一定要充分晾乾，成品的口感才會酥脆。烤箱預熱至 150 度。將 2 個烤盤鋪上烘焙紙。

❷ 取一大碗，用手將橄欖油抹在羽衣甘藍上，每一片葉片都均勻沾附橄欖油。灑上酵母粉、胡椒和鹽，以及辣椒粉。

❸ 將羽衣甘藍平鋪開來在兩個烤盤上，分別放置在烤箱的上下層，烘烤 10 分鐘。10 分鐘過後，將上下層對調，再烤 10 分鐘。從烤箱中取出，靜置冷卻 5 分鐘。

❹ 上菜時，將葉片放進大碗中，即可享用。沒有吃完的，放進密封的容器中，可保存 3 天。

酥脆爐烤鷹嘴豆

一小把烤得酥脆鹹香的鷹嘴豆，是結束斷食的好方法，也是放在沙拉上的好配料。在上菜前，撒在洋蔥佐愛曼托乳酪湯上，可以增加口感。喜歡吃辣的人，煙燻墨西哥辣椒和辣椒粉可以多加一些。

幾小把

材料

鷹嘴豆（540 毫升 / 罐）	2 罐
橄欖油	2 大匙
孜然粉	1 小匙
風乾煙燻墨西哥辣椒粉	1 小匙
辣椒粉	1 小匙
胡椒和鹽	適量

作法

❶ 依照份量備齊材料。將鷹嘴豆洗淨、瀝乾。用乾淨的布擦乾。烤箱預熱 200 度。

❷ 取一大碗，將鷹嘴豆和橄欖油、孜然粉、煙燻墨西哥辣椒粉、辣椒粉拌勻後，將鷹嘴豆平鋪開來在烤盤上，灑上胡椒和鹽。放進烤箱，烤 30 ～ 40 分鐘，中途翻攪鷹嘴豆，避免燒焦。大約 25 分鐘後需較為頻繁檢查鷹嘴豆是否燒焦，因為這常常在瞬間發生。從烤箱取出後，靜置一旁待完全冷卻。

❸ 上菜時，將鷹嘴豆放進碗中，用手抓著吃。沒有吃完的，放進密封的容器中，可保存 3 天。

香酥醬烤杏仁脆

這道點心的亮點在於日式醬油的鹹香。一般市售的醬烤杏仁不但價格昂貴，而且也無法確認使用的原料是否健康。利用這種乾烤的技巧，自己在家裡做，口感非常酥脆，吃得健康又滿足。

2 杯

材料

生杏仁	450 克
日式醬油	60 毫升
新鮮檸檬汁	1 小匙
卡宴辣椒粉	0.5 小匙
胡椒和鹽	適量

作法

❶ 依照份量備齊材料。烤箱預熱至 180 度。將烤盤鋪上烘焙紙。

❷ 取一大碗，將杏仁和醬油、檸檬汁、辣椒粉拌勻。將杏仁平鋪在烤盤上，放進烤箱烘烤 5～7 分鐘後關火，讓杏仁繼續放在烤箱中 15 分鐘，慢慢冷卻。

❸ 從烤箱中取出杏仁，立刻灑上胡椒和鹽，靜置一旁至完全冷卻，即可享用。

❹ 保存方式：放進密封的容器中，可在室溫下保存 5 天。如果受潮，可放進烤箱以 180 度複烤 5 分鐘，即可恢復酥脆口感。

核桃能量球

這道小點心做好後保存在冰箱中，想吃的時候，直接從冰箱取出即可享用，非常方便。冷凍吃的口感有如冰棒，不但提供能量，也富含纖維質與蛋白質；回溫後再吃口感較柔軟，也很好吃。在每一輪斷食結束後，用這個小點心當做第一口食物，非常合適。也適合運動完用來補充營養和體力。

24 顆能量球

材料

烘焙核桃	225 克
椰棗	350 克
無糖椰子絲	100 克
椰子油	2 大匙
香草精	1 小匙
肉桂粉	1 小匙
鹽	0.5 小匙

作法

❶ 依照份量備齊材料。

❷ 將核桃、椰棗、椰子、椰子油、香草精、肉桂和鹽放進食物調理機當中打碎。分成 24 等份，滾成球狀，排放在烤盤上，放進冰箱冷凍 1 小時以上。

❸ 型狀固定後，可裝進密閉容器中，冷藏可保存 1 週，冷凍可保存 4 週。

種子脆餅

自己在家做餅乾，安心又健康。而因為使用的材料中種子的比例高、麵粉的含量低，所以吃起來更有滿足感。除此之外，因為成品的質地硬脆，拿來沾著醬料吃，或抹上抹醬吃，也比較不容易破碎，非常適合。

一大片

材料

椰子油	60 毫升
鷹嘴豆粉或杏仁粉	0.5 杯
葵花籽	0.5 杯
亞麻仁籽	0.5 杯
芝麻粒	¼ 杯
胡椒和鹽	適量

作法

❶ 依照份量備齊材料。將椰子油放進小湯鍋中，用小火加熱，使其融化。烤箱預熱至180 度。

❷ 取一大碗，將鷹嘴豆粉或是杏仁粉、葵花籽、亞麻仁籽和芝麻粒放進碗中。淋上椰子油，並加入 1 杯（250 毫升）的白開水。用手將碗中的材料混合後，平鋪一層在烤盤上，鋪得越薄越好。灑上胡椒和鹽，放進烤箱烤 30 分鐘。

❸ 從烤箱取出，用木匙輕推脆餅，使其剝離烤盤。放回烤箱覆烤 15 分鐘。關掉電源，讓脆餅靜置烤箱中 1 小時，慢慢冷卻。

❹ 將脆餅隨興剝成好入口的大小，即可享用。亦可依照喜好，再灑上一點鹽巴提味。

義式青醬佐瑞可塔乳酪

滑順的瑞可塔乳酪（ricottacheese）搭配鮮綠色的羅勒醬沾在蔬菜棒上再適合不過了。義式青醬適合冷凍保存，不妨在夏末初秋、羅勒葉盛產時，多做一些儲存起來，慢慢享用。

500 毫升

材料

新鮮羅勒葉	2 大把
蒜瓣	4 瓣
松子	60 毫升
頂級帕瑪森乳酪	
或佩克里諾乳酪	30 克
橄欖油 0.5 杯（120 毫升）	
瑞可塔乳酪	450 克
胡椒和鹽	適量

作法

❶ 依照份量備齊材料。將羅勒葉摘下，葉梗丟棄。將蒜頭整個連皮淹蓋在冷水中，以中大火加熱至沸騰，瀝乾，再重複一次。完成後，蒜頭皮便會輕易脫落。將松子放進小型平底鍋中，以中火加熱至金黃色並且散發香氣。將乳酪刨絲。

❷ 製作義大利青醬用果汁機或是食物調理機，將¾的羅勒葉和氽燙過的蒜頭、松子，以及橄欖油混合打碎，放進碗中，加入乳酪絲拌勻。最後，灑上胡椒和鹽。

❸ 將克瑞可乳酪醬平鋪一層在盤子上，淋上義大利青醬，用湯匙稍微攪拌，但不完全拌開，讓青醬形成螺旋花紋。灑上剩餘的羅勒葉，淋上橄欖油。灑上胡椒和鹽即完成。

香辣烤堅果

堅果可提供優質的脂肪和蛋白質，這道菜製作簡單，搭配紅酒就非常合適，建議不妨在家中常備一些，當作隨時可以解饞的小零嘴。

500 毫升

材料

橄欖油	1 大匙
鹽	2 小匙
孜然粉	0.5 小匙
薑泥	0.5 小匙
辣椒粉	0.5 小匙
卡宴辣椒粉	0.5 小匙
肉桂粉	0.25 小匙
生堅果（綜合）	250 克
粗鹽	適量

作法

❶ 依照份量備齊材料。將烤箱預熱至 150 度。將烤盤鋪上烘焙紙。

❷ 取一大碗，橄欖油、鹽、孜然粉、薑泥、辣椒粉、卡宴辣椒粉、肉桂粉混合均勻。放入堅果，攪拌均勻，使香料粉均勻沾覆。將堅果平鋪在烤盤上，放進烤箱烤 10 ～ 15 分鐘，至到部分呈現深褐色，且發出香氣。過程中隨時檢查，注意勿燒焦。

❸ 將堅果連同烤盤取出，放置一旁冷卻 5 分鐘後，灑上少許粗鹽。靜待完全冷卻。

❹ 放進密封的容器中，在室溫下可保存至 2 週。

高湯和飲料

牛雞大骨湯

牛骨、雞骨比例不拘，只要總重量大約 2.7 公斤即可。

3 公升

材料

黃洋蔥	2 顆
胡蘿蔔	3 根
芹菜	3 根
蒜瓣	6 瓣
雞骨頭、雞翅膀、	
雞脖子、雞背骨	1.8 公斤
牛骨、牛肋骨	900 克
扁葉荷蘭芹	1 把
百里香	1 把
月桂葉	2 片
胡椒和鹽	適量

作法

❶ 依照份量備齊材料。將洋蔥、胡蘿蔔、芹菜切碎，蒜瓣拍碎。

❷ 將雞骨、牛骨等放入大型高湯鍋中，灑上大量的胡椒和鹽。加入冷水，至到淹過大骨超過 5 公分。煮沸後關小火慢燉 1 小時，不加蓋，撈去表面浮油。

❸ 加入洋蔥、胡蘿蔔、芹菜、蒜瓣、荷蘭芹、百里香、月桂葉，繼續燉煮 6 小時，不加蓋，並撈去表面浮油。取出大骨並丟棄，用細網過濾湯汁，其他渣滓亦丟棄。

❹ 將過濾後的高湯倒回高湯鍋中，試吃鹹淡後，用胡椒和鹽調整口味。完成後，即可享用，亦可放進密封的容器中，冷藏保存 2 週，冷凍保存 4 週。

牛雞大骨湯（壓力快煮鍋版）

這裡特別提供了一個「壓力快煮鍋版本」的牛雞大骨湯，給喜歡使用壓力快煮鍋的人。使用壓力快煮鍋煮高湯，時間節省不少，但營養美味不減。

3 公升

材料

黃洋蔥	1 顆
胡蘿蔔	2 根
芹菜	2 根
蒜瓣	3 瓣
生牛骨或生雞翅、雞腳、雞腿	900 克
蘋果醋	1 大匙
月桂葉	1 片
胡椒和鹽	適量

作法

❶ 依照份量備齊材料。將洋蔥、胡蘿蔔、芹菜切碎，蒜頭拍碎。

❷ 將洋蔥、胡蘿蔔、芹菜、蒜瓣、牛骨（或生雞翅、雞腳、雞腿）、醋和月桂葉放入壓力鍋中，灑上大量的胡椒和鹽。加入冷水，至到淹過食材超過 2.5 公分。牛骨用壓力鍋燉煮 3 小時，雞骨燉煮 90 分鐘。

❸ 取出大骨並丟棄，用細網過濾湯汁，其他渣滓亦丟棄。將過濾後的高湯倒回壓力鍋中，試吃鹹淡後，用胡椒和鹽調整口味。完成後，即可享用，亦可放進密封的容器中，冷藏保存 2 週，冷凍保存 4 週。

牛骨湯

平常在超市要買到牛骨可能不那麼容易,但如果詢問肉販,通常會有現成的冷凍牛骨,或是現切的牛骨可供購買。這道湯品雖然耗時,但一邊燉煮的同時其實可以做其他的家事,一點也都不麻煩。

2 公升

材料

黃洋蔥	1 顆
胡蘿蔔	2 根
芹菜	2 根
蒜瓣	4 瓣
牛骨	1.5 公斤
蘋果醋	2 大匙
月桂葉	2 片
胡椒和鹽	適量

作法

❶ 依照份量備齊材料。將洋蔥、胡蘿蔔、芹菜切碎,蒜頭拍碎。

❷ 將洋蔥、胡蘿蔔、芹菜、蒜瓣、牛骨、放入大型高湯鍋中,灑上大量的胡椒和鹽。加入冷水,至到淹過食材超過 2.5 公分,加入醋和月桂葉。煮沸後關小火慢燉至少 10 小時,過程中不加蓋,視需要加入冷水使牛骨持續淹在水面之下,並隨時撈去表面浮油。

❸ 取出大骨並丟棄,用細網過濾湯汁,其他渣滓亦丟棄。將過濾後的高湯倒進乾淨的湯鍋中,試吃鹹淡後,用胡椒和鹽調整口味。完成後,即可享用,亦可放進密封的容器中,冷藏保存 2 週,冷凍保存 4 週。

傳統雞高湯

這道雞高湯就是最經典的風味，營養、鮮美，滋補身心。可以當作湯底也可以當作斷食期間消除饑餓感的飲品。在此提供另一個美味的版本：用3顆八角取代所有香料，並且在上菜前淋上1大匙的日式醬油。

3 公升

材料

材料	份量
黃洋蔥	1 顆
胡蘿蔔	2 根
芹菜	2 根
蒜瓣	2 瓣
生雞骨、雞翅膀、雞腳、雞脖子	2.5 公斤
月桂葉	2 片
新鮮百里香	4 枝
扁葉荷蘭芹	1 小把
胡椒和鹽	適量

作法

❶ 依照份量備齊材料。將洋蔥、胡蘿蔔、芹菜切碎，蒜頭拍碎。烤箱預熱至 230 度。

❷ 將雞骨放進烤箱烘烤 45 分鐘後，放進高湯鍋中。在烤盤中加入白開水，用木匙將烤盤中的雞油刮下，倒進高湯鍋中。將洋蔥、胡蘿蔔、芹菜、蒜瓣、月桂葉、百里香和荷蘭芹都加入鍋中，灑上大量的胡椒和鹽。加入冷水，至到淹過食材超過 2.5 公分。煮沸後關小火慢燉至少 2 小時，過程中不加蓋，隨時撈去表面浮油。

❸ 取出雞骨並丟棄，用細網過濾湯汁，其他渣滓亦丟棄。將過濾後的高湯倒進乾淨的湯鍋中，試吃鹹淡後，用胡椒和鹽調整口味。完成後，即可享用，亦可放進密封的容器中，冷藏保存 2 週，冷凍保存 4 週。

鮮魚高湯

在法式料理中，清淡型的高湯統稱為 fumet，在法文中有酒香、肉香之意。這道菜有著淡淡的魚鮮味，作法和牛骨湯、雞高湯略有不同，不可長時間燉煮，否則魚的味道太濃郁，反而會突顯腥味。

1.5 公升

材料

材料	份量
白肉魚骨和魚頭	900 克
鹽	2 大匙
黃洋蔥	1 小顆
蒜瓣	2 瓣
茴香球莖	0.5 顆
芹菜	2 根
韭蔥的蔥白	1 根
特級初榨橄欖油	1 大匙
乾（不甜的）白酒	250 毫升
扁葉荷蘭芹	2 枝
新鮮龍蒿	2 枝
月桂葉	1 片
黑胡椒粒	5 顆

作法

❶ 依照份量備齊材料。將魚骨和魚頭放進大碗中，加入足夠的冷水淹蓋，灑上鹽，浸泡 1 小時後，用冷水沖洗。洋蔥、茴香球莖、芹菜、韭蔥切碎，蒜頭拍碎。

❷ 取一大高湯鍋，用中火將橄欖油加熱。加入洋蔥、茴香球莖、芹菜、韭蔥和蒜頭，拌炒 6～8 分鐘，讓食材軟化，但應注意勿燒焦。加入白酒小火煮 10 分鐘，略為收乾即可。加入魚骨、魚頭，和足夠的冷水淹蓋，至少超過食材 2.5 公分。

❸ 將高湯煮沸後，加入荷蘭芹、龍蒿、月桂葉和黑胡椒粒。轉小火慢燉 20 分鐘不加蓋。

❹ 用細網過濾湯汁，其他渣滓亦丟棄。將過濾後的高湯倒進乾淨的湯鍋中，試吃鹹淡後，用胡椒和鹽調整口味。完成後，即可享用，亦可放進密封的容器中，冷藏保存 2 週，冷凍保存 4 週。

鮮蝦高湯

當魚骨和魚頭取得不易的時候，鮮蝦高湯是另一種替代品，畢竟蝦殼是比較容易取得的。只要記得下次吃蝦的時候，不要將蝦殼丟棄，放進密封袋中冷凍，等收集到一定的份量後，就可以拿來製作鮮蝦高湯了。

2 公升

材料

蒜瓣	3 瓣
新鮮百里香	2 枝
橄欖油	2 大匙
蝦的蝦殼	36 ～ 48 隻
月桂葉	1 片
胡椒和鹽	適量

作法

❶ 依照份量備齊材料。蒜頭拍碎，摘下百里香葉。

❷ 取一大高湯鍋，用中火將橄欖油加熱。加入蒜頭、百里香和蝦殼，拌炒 5 分鐘，至到散發香味，但尚未著色。視需要調整火候。

❸ 加入足夠的冷水淹蓋食材至少 2.5 公分，加入月桂葉。

❹ 讓食材軟化，但應注意勿燒焦。加入白酒小火煮 10 分鐘，略為收乾即可。加入魚骨、魚頭，和足夠的冷水淹蓋，至少超過食材 2.5 公分。煮沸後轉小火慢燉 20 分鐘不加蓋，撈除表面浮油。

❺ 用細網過濾湯汁，其他渣滓亦丟棄。將過濾後的高湯倒進乾淨的湯鍋中，試吃鹹淡後，用胡椒和鹽調整口味。如果口味太淡，可再次用小火慢燉，讓湯汁收乾，直到達成喜好的濃郁度。完成後，即可放進馬克杯中小口啜飲。

越式牛肉河粉清湯

越使牛肉河粉湯的配菜有各式香草、豆芽、青蔥、和辣椒,這些都是在湯煮好後,上菜前才灑進湯碗中的。牛肉湯本身就很鮮美,使人感到滿足,當作斷食期間解除饑餓感的飲品非常合適,但進一步加入其他食材後,也可以升級成完整的一餐。

約 2~2.5 公升

材料

高湯部分

黃洋蔥	1 顆
薑	2.5 公分
牛骨（包括腿骨、肋骨）	
	1.8 公斤
八角	2 顆
魚露	3 大匙
胡椒和鹽	適量

牛肉湯部分

生的沙朗牛肉薄片	680 克
新鮮芫荽葉	6 枝
青蔥（只取蔥綠,切蔥花）	2 枝
豆芽	2 杯
羅勒	1 把

作法

❶ 依照份量備齊材料。將洋蔥切四等份,薑去皮、切片。烤箱預熱 220 度。

❷ 將牛骨平放在烤盤上,將洋蔥塞進骨頭縫隙間,放進烤箱烘烤 1 小時,直到洋蔥呈現深褐色。

❸ 將烤好的骨頭和洋蔥放進大型高湯鍋中。加入薑片、八角和魚露,灑上大量的胡椒和鹽,和足夠的冷水淹蓋,至少超過食材 2.5 公分。煮沸後轉小火慢燉 6 小時不加蓋,期間經常撈除表面浮油。

❹ 用細網過濾湯汁,其他的固型物亦丟棄。將過濾後的高湯倒回高湯鍋中,試吃鹹淡後,用胡椒和鹽調整口味。

❺ 製作成牛肉湯時,將取 4 個湯碗,個別放進牛肉片、芫荽葉、青蔥和豆芽。將滾燙的高湯舀進湯碗中,並灑上羅勒葉。

茶葉的沖泡

茶樹的學名是 *Camelliasinensis*，而茶的種類很多，包括紅茶、綠茶、白茶和烏龍茶，與茶葉的製作過程有關，例如發酵和氧化的程度。茶富含抗氧化物質，有益細胞修復，並富含兒茶素，據稱有抑制食慾的效果。茶和花草茶皆可做成冷飲或熱飲，有些可提振精神，有些有助於放鬆心情，效果因人而異，視茶葉沖泡時間的長短、以及個人對於咖啡因的敏感度有所不同。

4 人份

以下提供各種茶葉沖泡時理想的水溫和沖泡的時間，無論散裝茶葉或茶包皆適用。

茶葉類別	理想水溫	浸泡時間
紅茶	96 度	3～5 分鐘
綠茶	80 度	3～5 分鐘
烏龍茶	90 度	6 分鐘
白茶	85 度	8 分鐘

花草茶

如果你不希望咖啡因含量太高，或是不喜歡經過化學處理的「低咖啡因」咖啡或茶，建議你不妨試試看花草茶。儘管名為「花草茶」，更正確的名稱應該是「花草飲品」，畢竟嚴格說起來這樣的飲品並不是使用「茶葉」來沖泡的。現今市面上販售的花草茶種類繁多，有散裝的，也有裝成個別茶袋的，建議開始飲用前先做一點功課，儘管花草飲品多半有益健康，但各種飲品的功效略有不同，有些甚至帶有療效，所以知道自己所飲用的飲品究竟會對身體帶來什麼樣的影響，也是很重要的。花草飲品的製作材料有可能是植物的葉片、花瓣或是種子，浸泡在熱水中萃取出香氣，冷熱皆宜。

喝舒緩

材料		作法
新鮮薄荷葉	8 片	將 250 毫升的水放進小湯鍋中煮至沸騰。關火，加入薄荷葉，浸泡 5 分鐘。即可倒進馬克杯中小口啜飲。

助消化

材料		作法
生薑	30 克	生薑去皮，切薄片。將 250 毫升的水放進小湯鍋中煮至沸騰。關火，加入薄荷葉，浸泡 15 分鐘。

西班牙杏仁茶

這種飲料起源於西班牙，在墨西哥和中南美地區也相當普遍。在世界各國的傳統飲食中也可以找到類似的飲品，特別是吃辣的民族。杏仁舒緩的性質可以中和辛辣的食物，即便是單獨飲用也可提振精神。

4 人份

材料

無糖杏仁奶	1 公升
肉桂棒	4 支
香草精（或 1 個香草豆莢）	
	0.5 茶匙
楓糖漿	1 茶匙
肉桂粉	少許

作法

❶ 依照份量備齊材料。

❷ 將杏仁奶、肉桂棒、香草豆莢（如有），和楓糖漿放入鍋中混合，用中小火加熱至到散發出水蒸氣。關小火，繼續加熱 10 分鐘，使食材的味道融合。關火，取出肉桂棒和香草豆莢。如未使用香草豆莢，此時可加入香草精。

❸ 如製作熱飲，將鍋中的杏仁奶平均倒進 4 個馬克杯。灑上少許肉桂粉。

❹ 如製作冷飲，將杏仁奶靜置冷卻至室溫後，蓋上保鮮膜，放進冰箱，冷藏隔夜。倒進 4 個玻璃杯，灑上少許肉桂粉。

薑黃奶

這種溫暖的飲品儘管不含咖啡因，仍可以提振精神。薑黃據說有消炎的功效，因此也適合消化不良時飲用。建議多試驗幾次，找出最適合的薑黃比例。不妨從以下配方開始嘗試。

4 人份

材料

無糖椰奶	375 毫升
無糖杏仁奶	375 毫升
薑黃粉	1.5 茶匙
肉桂粉	0.25 茶匙
薑泥	0.25 茶匙
黑胡椒粉	適量
小荳蔻粉	適量
香草精	0.5 茶匙

作法

❶ 依照份量備齊材料。

❷ 將椰奶、杏仁奶、薑黃、肉桂、薑、和少許的胡椒粉、小荳蔻粉、香草精放入小型湯鍋中，用中小火加熱。用打蛋器拌勻，避免香料結塊。加熱至開始冒出水蒸氣。

❸ 將鍋中的飲品平均倒進 4 個馬克杯中，依照個人喜好灑上少許肉桂粉。

附錄
斷食計畫

進行 16 小時斷食者的 7 日飲食計畫範本

膳食	第1天	第2天	第3天	第4天	第5天	第6天	第7天
早	（斷食日）薑黃奶（P.196）	椰子煎餅、莓果與烘培堅果佐鮮奶油（P.56、P.58）	（斷食日）綠茶	荷包蛋與辣味菠菜佐藜麥（P.61）	（斷食日）薑黃奶（P.196）	水波蛋佐菠菜與義式火腿（P.64）	（斷食日）咖啡或茶
午	雞肉酪梨葛瑞爾乳酪沙拉（P.78）	布拉塔蔬食沙拉佐萊姆油醋醬（P.76）	簡易家常烘蛋（P.57）	尼斯沙拉（P.81）	茄子鷹嘴豆泥（P.174）	洋蔥佐愛曼托乳酪湯（P.98）芝麻葉果乾核桃沙拉佐培根油醋醬（P.73）	泰式蔬菜咖哩（P.106）
晚	茅屋肉派與乳酪泥（P.150）烤綠花椰菜佐蒜辣油醬（P.97）	雞腿佐醃漬檸檬（P.111）鍋燒小番茄與羅勒（P.99）	干貝義式火腿（P.132）蒜香辣味油菜花（P.102）	火雞絞肉燉蠶豆（P.122）	白花椰菜飯佐羊肉咖哩（P.154）印度式波菜泥（P.103）	鱈魚芒果酪梨沙拉（P.127）	八角滷豬五花肉（P.159）亞洲蔬菜佐芝麻油與味噌（P.90）
宵夜	綠茶	（斷食日）舒緩的花草茶（P.194）	花草茶	（斷食日）綠茶	舒緩的花草茶（P.194）	（斷食日）花草茶	（斷食日）綠茶

進行 24 小時斷食者的 7 日飲食計畫範本

膳食	第 1 天	第 2 天	第 3 天	第 4 天	第 5 天	第 6 天	第 7 天
早	**（斷食日）** 薑黃奶 (P.196)	莓果與烘培堅果佐鮮奶油 (P.56)	**（斷食日）** 咖啡或茶	奇亞籽甜點百匯 (P.55)	**（斷食日）** 薑黃奶 (P.196)	水波蛋佐菠菜與義式火腿 (P.64)	**（斷食日）** 咖啡或茶
午	**（斷食日）** 牛雞大骨湯 (P.186)	布拉塔蔬食沙拉佐萊姆油醋醬 (P.76)	**（斷食日）** 牛雞大骨湯 (P.186)	尼斯沙拉 (P.81)	**（斷食日）** 牛雞大骨湯 (P.186)	洋蔥佐愛曼托乳酪湯 (P.98) 芝麻葉果乾核桃沙拉佐培根油醋醬 (P.73)	**（斷食日）** 牛雞大骨湯 (P.186)
晚	茅屋肉派與乳酪泥 (P.150) 烤綠花椰菜佐蒜辣油醬 (P.97)	雞腿佐醃漬檸檬 (P.111) 鍋燒小番茄與羅勒 (P.99)	干貝義式火腿 (P.132) 蒜香辣味油菜花 (P.102)	火雞絞肉燉蠶豆 (P.122)	白花椰菜飯佐羊肉咖哩 (P.154) 印度式波菜泥 (P.103)	鱈魚芒果酪梨沙拉 (P.127)	八角滷豬五花肉 (P.159) 亞洲蔬菜佐芝麻油與味噌 (P.90)
宵夜	綠茶	**（斷食日）** 舒緩的花草茶 (P.194)	花草茶	**（斷食日）** 綠茶	舒緩的花草茶 (P.194)	**（斷食日）** 花草茶	**（斷食日）** 綠茶

進行 36 小時斷食者的 7 日飲食計畫範本

膳食	第 1 天	第 2 天	第 3 天	第 4 天	第 5 天	第 6 天	第 7 天
早	**（斷食日）** 薑黃奶 (P.196)	莓果與烘培堅果佐鮮奶油 (P.56)	**（斷食日）** 咖啡或茶	奇亞籽甜點百匯 (P.55)	**（斷食日）** 薑黃奶 (P.196)	水波蛋佐菠菜與義式火腿 (P.64)	**（斷食日）** 咖啡或茶
午	**（斷食日）** 牛雞 大骨湯 (P.186)	布拉塔蔬食沙拉佐萊姆油醋醬 (P.76)	**（斷食日）** 牛雞 大骨湯 (P.186)	尼斯沙拉 (P.81)	**（斷食日）** 牛雞 大骨湯 (P.186)	洋蔥佐愛曼托乳酪湯 (P.98) 芝麻葉果乾核桃沙拉佐培根油醋醬 (P.73)	**（斷食日）** 牛雞 大骨湯 (P.186)
晚	**（斷食日）** 越式牛肉河粉清湯 (P.192)	雞腿佐醃漬檸檬 (P.111) 鍋燒小番茄與羅勒 (P.99)	**（斷食日）** 傳統 雞高湯 (P.189)	火雞絞肉燉蕓豆 (P.122)	**（斷食日）** 越式牛肉河粉清湯 (P.192)	鱈魚芒果酪梨沙拉 (P.127)	**（斷食日）** 鮮蝦高湯 (P.191)
宵夜	**（斷食日）** 綠茶	**（斷食日）** 舒緩的 花草茶 (P.194)	**（斷食日）** 花草茶	**（斷食日）** 綠茶	**（斷食日）** 舒緩的 花草茶 (P.194)	**（斷食日）** 花草茶	**（斷食日）** 綠茶

致謝

在此特別感謝以下各位廚師，協助本食譜的開發、實驗、和改良：

- 凱瑞・伯恩（Carey Broen）
- 朱莉亞・查德（Julia Chanter）
- 莫莉亞・法蘭奇（Moira French）
- 古迪・吉普森（Goody Gibson）
- 克里斯多夫・傑克遜（Christopher Jackson）
- 查理・強斯頓（Charlie Johnston）
- 大衛・強斯頓（David Johnston）
- 漢娜・強斯頓（Hannah Johnston）
- 亞歷克斯・麥肯錫（Alex Mckenzie）
- 珊卓拉・麥克林（Sandra Maclean）
- 黛安・莫奇（Diane Morch）
- 約翰・莫奇（Johen Morch）
- 克莉絲汀・普萊特（Christine Platt）
- 羅素・史坦頓（Russ Seton）

破解人體肥胖與衰老的科學

間歇性斷食暨低碳優脂專家傑森 ‧ 方系列新作！
頂尖前沿科學助你打破碳水化合物依賴迴圈，
啟動人體原生機制，變得更瘦、更年輕。

長壽解方：減緩衰老，延長健康壽命，重啟長壽基因的 5 個秘密

詹姆士‧迪尼寇蘭托尼歐、傑森‧方 著／周曉慧 譯
定價 399 元

老化不等於更多的疼痛與籍病！為什麼有些人就是能老得很優雅？關鍵其實就藏在你的身體裡！簡單飲食改變五步驟，讓你活得更久、更健康！

肥胖大解密：破除傳統減肥的迷思，「胰島素」才是減重關鍵！

傑森‧方 著／周曉慧 譯
定價 420 元

想要擁有完美的體重與身材，先從建立正確觀念開始。六步驟打破胰島素阻抗的惡性循環，永遠告別肥胖症！

糖尿病救星：有科學、案例實證，教你如何有效治療第二類型糖尿病！

傑森·方 著／劉又菘 譯
定價 380 元

逆轉糖尿病的超效飲食計畫！透過低精製碳飲食與間歇性斷食，不靠藥物也能完全治癒糖尿病及肥胖症。

脂肪多多益瘦：如何吃對油貫徹極低碳水化合物、享瘦健康多脂新生活

格蘭特·斯科菲爾德、卡琳·辛、克雷格·羅傑 著／郭珍琪 譯
定價 480 元

結合科學、營養學與健康多脂食譜，以低碳優脂逆轉使身體發炎的過量胰島素，落實健康脂肪生活的完整指南！

生酮飲食聖經：實踐篇

雅各·威爾森、萊恩·羅力 著／郭珍琪 譯
定價 499 元

第一次生酮就上手！最完整的生酮飲食大全，一次了解生酮的基礎知識、實踐方法及美味食譜，用力吃、輕鬆瘦！

生酮飲食聖經：食譜篇

雅各·威爾森、萊恩·羅力 著／郭珍琪 譯
定價 350 元

早餐、開胃菜、主菜與甜點，整日的營養菜單都在這裡！75 道經典生酮飲食料理，經典烹飪科學，讓你在執行生酮計畫時，無須煩惱今天到底吃什麼。

國家圖書館出版品預行編目資料

肥胖大解密 速瘦料理篇：減重名醫的100道美味瘦身料理，打破
胰島素阻抗循環，扭轉致胖根源！／傑森・方（Jason Fung），艾
莉森・麥克林（Alison Maclean）◎著；林世棻譯.——初版.——
台中市：晨星，2020.07
　　面；公分.——（健康與飲食；135）

　　譯自：The obesity code cookbook : Recipes to Help You Manage
Your Insulin, Lose Weight, and Improve Your Health

　　ISBN 978-986-5529-29-1（平裝）

　　1.減重　2.食譜

427.1   109008937

健康與飲食 135	# 肥胖大解密. 速瘦料理篇
	減重名醫的100道美味瘦身料理，
	打破胰島素阻抗循環，扭轉致胖根源！

作者	傑森・方（Jason Fung）、艾莉森・麥克林（Alison Maclean）
譯者	林世棻
主編	莊雅琦
編輯	林莛蓁
封面設計	王　穎
美術排版	曾麗香

創辦人	陳銘民
發行所	晨星出版有限公司
	台中市407工業區30路1號
	TEL：04-23595820　FAX：04-23550581
	E-mail：service@morningstar.com.tw
	行政院新聞局局版台業字第2500號
法律顧問	陳思成律師
初版	西元2020年7月6日

可至線上填回函！

總經銷	知己圖書股份有限公司
	106台北市大安區辛亥路一段30號9樓
	TEL：02-23672044 / 23672047 FAX：02-23635741
	407台中市西屯區工業三十路1號1樓
	TEL：04-23595819　FAX：04-23595493
	E-mail：service@morningstar.com.tw
	網路書店 http://www.morningstar.com.tw
讀者專線	04-23595819#230
郵政劃撥	15060393（知己圖書股份有限公司）
印刷	上好印刷股份有限公司

定價 490 元
ISBN　978-986-5529-29-1
The Obesity Code Cookbook © 2019 Jason Fung & Alison McLean
First Published by Greystone Books Ltd.